IWA

農業経済学［第5版］

Fumio Egaitsu & Nobuhiro Suzuki 荏開津典生　鈴木宣弘

岩波書店

はしがき

世界には食料不足に苦しむ多くの人々がいるのに，日本ではもう50年近くも水田で米を作らない減反政策が続いていた．減反をやめて，余った米を飢えに苦しむ人の所に届けることがなぜできなかったのか？

日本の農業は，経営規模が小さいので大型農業機械が使いづらく，効率が悪い．もっと農地を集めて，せめてヨーロッパなみの20ヘクタールか30ヘクタールの農場に整理すればよさそうなものだが，なぜそうならないのか？

こうした疑問に答えるには，食料・農業・農村の「実態に関する知識」と，その知識をもとに考えを進めるための「経済学的な理論」とが必要である．農業経済学は，こうした「知識と理論を組み合わせた体系」である．

本書の目的は，疑問と関心を持つ読者を，ともかく農業経済学の門の中に導き入れることである．本書を理解するためには，何の予備知識もいらない．必要なのはただ，食料・農業・農村の経済的な面に関する興味だけである．

本書には，ごく初歩的なミクロ経済学の理論が説明なしに用いられている．その多くは説明がなくてもわかる常識的なことであり，またわからないままに読み進めても構わない．大筋がわかる限りは，わからない部分はあっても，とりあえずとばして先へ進み，1冊の本を読み通すのが，農業経済学を学ぶ上でいちばん大切な心得である．

しかし，わからないところがあるとどうも気分がよくないという読者は，ミクロ経済学の参考文献(たとえば，西村和雄『ミクロ経済学(第3版)』岩波書店，2011年)で心ゆくまで学んでもらいたい．なお各章の内容に関連する参考文献は，それぞれ章末の「課題」の中に示してある．

改訂について

1997年3月の刊行以来本書が広く読み続けられていることは私たちにとっ

て大きな喜びである．本書は2002年に1度目の改訂を行い，図表のデータを必要に応じてアップデイトすると同時に，本文にも若干の補正追加を行った．また日本の農業・食料に関する第12章には，新しく1節を書き加えた．

第3版への改訂に当たっては，やはり図表をアップデイトすると同時に，本文もかなり書き改めた．第12章にはさらに1節を追加して，21世紀になってからの日本農業の動向にふれた．また農業経済学と農業政策との関係に関する私見をまとめて「終章」とした．

第4版への改訂から，本書は荏開津・鈴木の共著となった．これを機に，第7章に農産物貿易交渉に関する最新の動向をまとめた第6節を追加し，また第12章第6節には目下推進中の主要な農業政策について加筆した．

第5版への改訂では，図表データのアップデイトと共に，本文では特に第7章の農業交渉の動向と，第12章の現行政策について最新情報を加筆している．このたびの改訂は，上林篤幸・農林水産政策研究所上席主任研究官および木下順子氏の尽力と，第12章への木村崇之・農林水産省大臣官房政策課上席企画官のアドバイス，そして岩波書店の高橋弘課長および馬場裕子氏をはじめとする編集校正に関わられた方々のまさに心血を注ぐ取組みによって行われた．

本書の出版と数次の改訂を通じて大変多くの知友の助力を賜わってきた．それなしに本書は成らなかったことを特記して，その厚意に深く感謝する．

2019年歳晩

荏開津典生・鈴木宣弘

目　次

第1章

経済学と農業的世界

20世紀の初めに約16億人であったと推定される世界の人口は，その後人類の歴史上かつてなかった速度で増加し，20世紀末には約60億人に達した．人口爆発とまでいわれるその急激な増加は21世紀になっても止まらず，国連の報告によれば，早くも2011年に世界人口は70億人を突破している．

この急激な人口増加については第8章でくわしく述べるが，それが産業革命に始まる工業を中心とした経済発展と強く結びついていることはいうまでもない．しかしながら，国連の推計によれば，世界の都市人口が農村人口を初めて上まわったのは2007年と，さほど昔のことではない．21世紀を迎えた現在でも，世界全体としてみれば半数に近い人々が，**都市的世界**ではなく**農業的世界**で暮らしているのである．

農業的世界で暮らしている人口の割合は，国民所得水準の低い開発途上国においてとりわけ高く，農業就業人口でみれば格差はより顕著である．**表1-1**をみると，日本やフランス，アメリカなどでは農業は就業人口の数%しか占めていないが，インドでは40%を上まわっている．国民所得水準が更に低いタンザニアでは，70%近くが農業に従事しており，世界全体では現在も就業人口の約30%が農業に従事している．

ところで，私たちの目に触れる経済学の書物の多くは，農業をあまり表立って取り上げてはいない．ミクロ経済学やマクロ経済学の本で引用されている実例や理論モデルの背後で暗黙のうちに想定されているのは，農業的世界ではなく都市的世界，ことに工業の世界であることが多い．

たとえばミクロ経済学の書物の「生産の理論」ないし「企業の理論」の章を開いてみると，そこには**労働**と**資本**という2つの生産要素からなる生産関数や，一定の生産を行うための**労働と資本の代替**の問題などが出てくるが，**土地**は生産要素としては明示的に取り上げられてはいない．これは，都市的世界と工業

表 1-1 総人口および就業人口に占める農業の割合(2017 年)

	農村人口		農業就業人口	
	実数(千人)	総人口比(%)	実数(千人)	総就業人口比(%)
日　本	10,791	7	2,262	3
中　国	592,560	42	207,135	27
イ ン ド	889,217	66	218,377	45
ロ シ ア	37,017	26	4,142	6
フランス	12,879	20	721	3
アメリカ	58,216	18	2,249	1
ブラジル	28,654	14	8,696	10
オーストラリア	3,447	14	316	3
タンザニア	38,367	67	17,265	67
全 世 界	3,410,074	45	930,463	29

出所) FAOSTAT, ILOSTAT.
注) 農業就業人口は林業, 水産業も含む.

とを想定した理論だからである.

農業的世界では, 労働や資本とならんで, あるいはそれ以上に土地が生産の重要な要素である. 特に国民所得水準がまだ低い段階では, ほとんど資本を用いないで労働と土地だけで農業が営まれており, 現在でもそうした近代化以前の農業は世界のいろいろな地域に実際に残っている. 農業的世界の経済学を研究するためには, **生産要素**としての土地を無視する訳にはいかない.

もちろん, 農業の中にもいろいろな部門がある. ガラスやビニールの温室を用いる野菜の施設栽培や, 畜舎の中に家畜を閉じこめたままで飼育する養豚や養鶏などの部門では, 土地はただその施設や畜舎の敷地として必要なだけであり, その点では工業生産とほとんど同じである. ただし, こうした養豚や養鶏であっても, その生産過程の中心は生物の生育である点において工業とは異なっている. 生産が生物学的過程を中心とすることが, 工学的・化学的過程を中心とする工業生産と農業生産のもう 1 つの重要な相違であり, 農業経済学が考慮に入れなければならない特殊な要因である.

世界の農業の大部分は, 広大な土地の上で営まれている. 農業に使われている土地を**農用地**(agricultural land)というが, 2013 年現在, 農用地の面積は全地表面積の約 33% を占めていて, 森林面積(27%)よりも広く, 砂漠(24%)やその

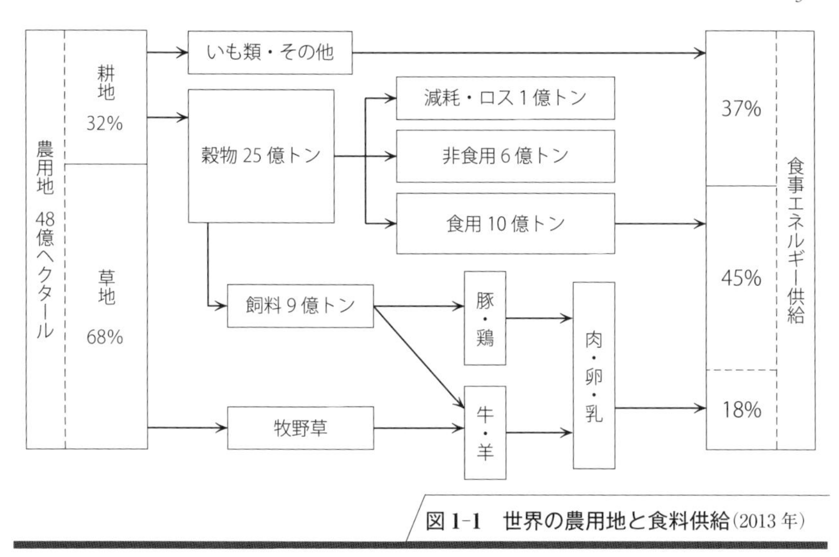

図 1-1　世界の農用地と食料供給(2013 年)

出所）FAOSTAT.
注）非食用の穀物は種子，エタノール用などである.

他の土地(16%)よりも広い．農業は，工業やその他の都市的世界の経済活動とは違って，土地を用いる産業，すなわち**土地集約的産業**である．

農用地は，穀物や野菜・果物などを栽培する**耕地**(crop land)と，牛や羊を放牧したり干し草を作ったりする**永年草地**(permanent pasture)とに分けられる．2013 年現在の世界全体の農用地面積は 48 億ヘクタールであるが，その大部分は永年草地であって，耕地面積は 15 億ヘクタールほどである(**図 1-1**)．

しかし実際には，世界の農業生産を担い世界の人々に日々の食料を供給しているのは，この 15 億ヘクタールの耕地である．永年草地の多くは地質や気候条件が悪いために野草しか育たず，穀物を作ることも野菜を作ることもできない劣等地である．牛や羊は草食動物ではあるが，野草地に放たれているだけでは栄養が不足して充分に肥育できず，多くは穀物飼料を与えて飼育されている．また豚や鶏は草だけでは体を維持できないので，もっぱら穀物が主成分の配合飼料で育てられることが多い．肉や牛乳や卵などの畜産物も，結局は 15 億ヘクタールの耕地から生産される穀物が姿を変えたものなのである．

農業生産は，土地から食料を生み出す経済活動である．その活動の流れは，ほぼ図**1-1**のようになっている．その活動の中心は耕地から穀物を生産することであり，本書ではただ農業という場合，主として穀物生産を想定して述べることとする．

同じ生産要素ではあっても，労働と資本とは非常に違っている．何よりも資本はモノであり，労働力は人間である．物理学なら人間もモノも区別されないかもしれないが，社会科学である経済学では人間とモノの区別は決定的に重要である．

土地もまた，労働や資本とは違った面を多く持っている．土地は資本と同じくモノであるから，一種の資本財として考えればよいという見解もないわけではないが，実際にはそれでは解決できない問題が沢山あって，特に広大な面積の土地を用いる農業では，土地に固有の性質を正面から取り上げることなしには経済分析はなりたたない．

ここで生産要素としての土地の特質をいくつか指摘しておこう．これらの特質が，農業的世界の経済問題を考える際に重要な意味を持ってくることは，本書の全体を通じて理解されるはずである．

1)　生産不可能性
2)　移動不可能性
3)　外延性
4)　不可滅性
5)　地域性

農用地は地表の一部であり，人間が生産することはできない．実際にはもちろん，森林を伐採して農用地にしたり原野を開拓して耕地にしたりすることはできるので，厳密には生産不可能ではないのだが，資本(建物・工場・機械設備)や労働力が毎年新しく追加されたり削減されたりしているのに比較すると，農用地の追加や更新はきわめて少ない．

耕地面積の増加が少ないのは，耕地造成のために必要な費用が高いためである．耕地はそもそも森林や野草地から造成されるが，その造成費用は経済学的には投資支出であり，造成耕地で将来収穫される作物がもたらす収益によって回収されなければならない．世界にはまだ広大な森林や野草地が残ってはいるけれども，それを耕地にするためには莫大な費用がかかることが多く，作物からの収益で費用を回収して利益を上げることが困難なのである．

耕地造成のもう1つの障害として，近年では**環境問題**の重要性が高まっている．農用地は地表の広大な部分を占めているため，それは都市的世界の住民も非農業の就業者も含むすべての人間の生活環境に影響している．野草地や森林の耕地への転換は重大な環境の変化であり，また生態系にも大きな影響を及ぼす点で，経済上の収支を超えた多面的な問題として考えなければならない．同じく農用地ではあっても，耕地は化学肥料や農薬を多用するので，環境への負荷も深刻である．

農用地は特別の災害でもない限り不可滅である．多くの工場や商店が数十年の単位で廃棄され更新されていくのに対し，農用地は数百年はおろか数千年にもわたって継続して利用されることもある．そのために，現在の農用地の姿には，それぞれの国の長い歴史が刻み込まれている．

農用地は動かすことができず，また風雨にさらされるため，それぞれの地域の気象条件に応じて生産要素として異なった特色を持つことになる．同じ1ヘクタールの耕地であっても，日本では米を作り，イギリスでは小麦を作り，ニュージーランドでは牧草を作っているのは偶然ではなく，**適地適作**の結果である．

農用地の歴史依存性と気象依存性とは，世界の各国の農業に，容易には変えられない地域的特色を与えている．ゆえに農業的世界は都市的世界よりも多様である．**表1-2**は，それを例示したものである．

表1-2によると，まず世界の各地域によって国民1人当たりの農用地面積や耕地面積に驚くほど大きな差があることがわかる．アジアは全般的に人口に比較して農用地面積が小さいが，日本は特に小さく，中国と比較しても1人当たり農用地面積がほとんど10分の1しかない．また農用地の大部分が耕地であり，草地が非常に少ないのも日本の特色である．

1人当たり農用地面積が最も大きいのはオーストラリアで，農用地では中国の42倍，耕地でも15倍となっている．このような大きな相違は，アジアの農業とオセアニアの農業との間で，さまざまな面で比較を困難にするほどの格差をもたらす原因となっている．

表1-3は，1人当たり家畜頭数を示したものである．家畜の頭数も種類も国によって大きな差があるが，オーストラリアの牛や羊がとび抜けて多いのは，

表 1-2　国民 1 人当たり農用地面積(2013 年)　(単位：ha/人)

	1人当たり農用地計	うち耕地
日　本	0.04	0.03
中　国	0.38	0.09
インド	0.14	0.13
ロシア	1.51	0.86
フランス	0.45	0.30
アメリカ	1.29	0.50
ブラジル	0.38	0.31
オーストラリア	16.06	1.37
タンザニア	0.78	0.50
ナイジェリア	0.41	0.24
世界計	0.67	0.21

出所) FAOSTAT.

広大な草地を持っているからである．山羊や羊は多くの国に飼養されているが，日本とアメリカにはほとんどみられない．豚は，表の中では中国が最も多く，インドやタンザニアにはほとんどいない．このような差は，風土の差とともに歴史や文化の違いにもよるものである．

農用地や家畜の差は，当然ながら農業生産の内容の差にもなる．表には示していないが，ヨーロッパでは小麦が穀物の中心であり，アジアでは米が中心であること，アメリカでは牛肉がヨーロッパに比べて多く生産されていることなども周知の事実である．こうした農業生産の差は，食生活パターンの差とも深く結びついている．

以上いくつかの指標で示した農業の地域的な多様性は，それぞれの国の歴史と風土にもとづくものであって，簡単に変えることはできない．イギリスで小麦に代えて米を作ることは難しく，アメリカで羊を飼って牛を減らすことも簡単ではない．まして日本で，アメリカやオーストラリアと同じ規模の農場を作ることは不可能に近い．

農業の土地集約産業という特質から，農業の経済的研究には工業を研究するのとは異なった見方や方法が必要になる．経済学的にみて，土地はモノであっても，工場や機械などの資本財とは区別して扱った方がよいのである．

表 1-3　国民 1 人当たり家畜頭数(2013 年)

(単位：頭/人)

	牛	豚	羊・山羊
日　　本	0.11	0.08	0.00
中　　国	0.07	0.34	0.21
イ ン ド	0.23	0.01	0.15
ロ シ ア	0.14	0.13	0.17
フランス	0.30	0.21	0.13
アメリカ	0.29	0.21	0.03
ブラジル	1.05	0.18	0.13
オーストラリア	1.27	0.09	3.42
タンザニア	0.48	0.01	0.47
ナイジェリア	0.11	0.04	0.65
世 界 計	0.23	0.14	0.29

出所) FAOSTAT.

ところで，農業的世界の経済問題を都市的・工業的世界とは異なる方法で研究しなければならない理由がもう 1 つある．それは農業的世界の経済が，必ずしも一般の経済学で考えられているような**市場経済**ではないという事実である．

現在の経済学は，マクロの理論でもミクロの理論でも，暗黙のうちに工業をモデルとして想定していることは前に述べたが，同時にそれは民主主義社会の経済の仕組みである市場経済をモデルとしている．ところが，世界人口の半分近くが暮らしている農業的世界のかなりの部分は，政治的には民主主義ではなく，市場経済のメカニズムも十分に機能してはいないのである．農業的世界では，社会の仕組みも経済の仕組みも，歴史と風土を反映して多様である．

農業的世界では，近代的な所有制度つまり私有財産権が確立していないことも少なくない．特に土地所有には多くの問題があり，私有権が明確に制度化されていない地域もある．それにもまして問題なのは，**地主・小作関係**である．

地主と小作農民との関係が，経済的にあまりにも不平等であり，またしばしば身分的上下関係をともなう**地主制**の場合，それは経済問題以前の社会問題である．日本においても，1930 年代まで地主と小作農民の対立はしばしば深刻な社会不安を引き起こし，遂には太平洋戦争に導く原因の 1 つともなったことは，歴史上の重要な事実である．

日本の地主制は，戦後のアメリカを主とする連合軍の占領下で実施された**農地改革**(land reform)によって完全に廃止され，農村の民主化とあいまって1955年以降の日本の目覚ましい経済発展を実現する準備をなしたが，農地改革以前の日本の農業問題は，もっぱら地主・小作関係に集中していたのである．世界にはなお前近代的な地主制が存続していて，農地改革なしには市場経済の発展の望めない国や地域が少なくない．そのような地域では，地主制の実態を調べることが農業経済学の最も重要な研究課題である．

市場経済の本質は交換経済であり，交換は貨幣によって媒介されて初めて広範囲に成立する．貨幣と交換は，現在の経済学では自明のこととして前提されている．しかし農業的世界の中には，貨幣が充分に機能せず，経済は自給自足や物々交換の状態にとどまっている地域もある．近代的な銀行と貨幣(中央銀行券)の発達なしには，市場経済はごく限定された機能しかはたせない．

市場経済が充分に機能するためには，都市的世界では当然となっているさまざまなインフラストラクチュア(社会資本)が整備されていることが必要である．貨幣もそのようなインフラストラクチュアの１つと考えられるが，交通・通信つまり物資と情報の伝達を可能にする設備なしには，市場経済は発達しない．

農業的世界において交通・通信のインフラストラクチュアが不足していることを端的に示すのは，非識字率つまり読み書きのできない成人人口の割合である．**表1-4**には，アジアとアフリカの後発開発途上国について識字率を例示した．サブサハラ・アフリカの国々やアジアの低所得国において，市場経済に必要な情報の伝達が不充分であることを示唆している．

農業的世界の経済問題の研究には，工業と都市的世界とを想定した，論理的にきわめて単純化された経済学の方法だけでは不充分なのである．そこには多くの未知の事実と課題があり，それを解明するためには多様な方法と思考とが必要である．

最後にもう１つ，農業的世界の経済を考える上で決定的に重要な要因は，農業の主要な生産物が**食料**だということである．これがどんなに重要な要因であるかは，農業的世界はそれ自体として，都市的世界とは独立に存在することも可能だけれども，食料をつくりだすことのできない都市的世界は，農業的世界に依存しなければなりたたないという事実によく表れている．

表 1-4　開発途上国の識字率の例示(2015 年)

(単位：%)

	アジア開発途上国		サブサハラ・アフリカ			後発開発途上国
	バングラデシュ	カンボジア		ガンビア	マリ	
男性	68	87	72	62	45	69
女性	62	75	57	42	22	54
合計	65	81	64	51	33	61

出所）UNESCO Statistical Database.

この事実は，経済学の歴史の初期に，すべての経済的価値は農業が生産するものであって，工業や都市的世界はそれ自体では経済的価値を生産しないという**重農主義**の理論を生みだした.「経済的価値とは何か」というのは，今でも充分に解決されていない難しい問題であるが，都市経済が農村経済なしでは存在できないというのは，誰にも理解できる事実である.

現代の先進国では，農業的世界は都市的世界と深い相互依存関係にあり，農業生産も農村の生活も，都市的世界の生産物を使うことなしにはなりたたない.それどころか，先進国の**農業保護政策**を考えると，先進国の農業的世界は逆に都市的世界からの援助なしにはなりたたないという見方さえできる．一般のミクロ経済学の中では，食料も単に商品 A，B，C，……のうちの１つに過ぎない.

しかしながら，冷静に世界を全体としてみてみれば，現代のいかなる先進国の都市といえども，みずから食料を生産できない以上，農業的世界に依存することなしには存在できないという事実にはなんの変わりもない．実際に，この地球上には現在でも都市的世界とほとんど交渉のない閉じた農村はいくつも存在するが，逆に農業的世界から食料の供給を受けていない都市は，ただ１つも存在しないのである.

農業的世界の生産物である食料は，先進国のスーパー・マーケットでは，そこにならんでいる無数の商品の中の１つとしかみえないかもしれないが，それは豊かな国の飽食の国民の幻想である．現在もなお，世界には日々飢えに苦しんで食料だけを求めている数億の人々がおり，食料がテレビや自動車とは異なり生命の維持に直結した**必需品**であるという事実の重要性は，重農主義の時代となんら変わるところがない．

農業的世界の経済を分析するためには，それをただ経済の面だけ切り離して都市的世界を想定した理論で説明するのでは不充分である．農業経済は農業的世界における生活の一断面なのであり，都市的世界の生活とは生活全体のあり方(way of life)が違うからである．農業経済は，農業的世界の包括的な理解なしには理解できない面を持っている．その意味で，これまで「農業的世界(rural world)」という言葉を用いてきたのである．

本書では，以上に述べた農業的世界の3つの特質のうち，主として土地と食料という2つの側面をとりあげる．市場経済とは異なる経済システムとしての側面は，むしろ「開発経済学」の中心課題でもあるからである．

また「はしがき」で述べた農業経済学の2つの側面のうち，農業や農村の実態については基本的なデータを示すにとどめ，それを分析するための理論を解説することに主眼をおいた．

ただし第12章「日本の農業と食料」は，それ以前の各章で説明した理論や分析手法を日本農業に適用したもので，1つの独立の章である．ただ限られた紙数内での簡略な説明であり，参考文献への道案内にとどまっている．

終章「農業政策と農業経済学」では，農業政策に対して農業経済学がどのような貢献をすることができるかを考察した．

なお各章の末尾に付した「課題」は，なかば本文の説明不足を補う注釈であり，また参考文献も示しているので，本文同様に注意して読んでもらいたい．

第2章

経済発展と農業

国民経済に占める農業部門の割合は，就業人口でみても生産額でみても，国民所得の高い国では小さく，国民所得の低い国では大きい．また歴史的にみれば，どの国においても1人当たり国民所得の水準が高くなると，農業部門の割合は低下する傾向がある．

経済が発展するにつれて，**農業部門の割合は相対的に縮小する**．そして農業部門で働く就業者の数は，ただ相対的に割合が小さくなるだけではなく，就業者数そのものが減少する．これまで農業に従事していた人が仕事を失い，農業的世界に暮らしていた人々が都市的世界への移動を余儀なくされる．しかし長年従事した仕事を離れて新しい職を求め，長い間暮らしてきた農村から都市に移り住むことは，誰にとっても簡単ではない．それはまた，農村の過疎・都市の過密という問題をもたらす原因でもある．

経済発展にともなって農業部門の割合が低下するのは，農業の主要な生産物である食料の需要が，GDPの増加率ほどには伸びないからである．これはミクロ経済学でいう需要の所得弾力性の問題である．**食料需要の所得弾力性**が1より小さいので，国民所得の水準が高くなると，農業の国民経済に占める割合は傾向的に低下する．

第1節　農業部門の相対的縮小

経済発展とは，1人当たり実質国民所得ないしGDPが上昇することである．ある経済部門の国民経済に占める割合は，その部門で働いている人々つまり就業者数の割合か，GDP全体に占めるその部門の生産額の割合で示される．そこでまず，経済発展にともなって農業部門の割合が小さくなることを，実際の統計データを用いて確認しておこう．

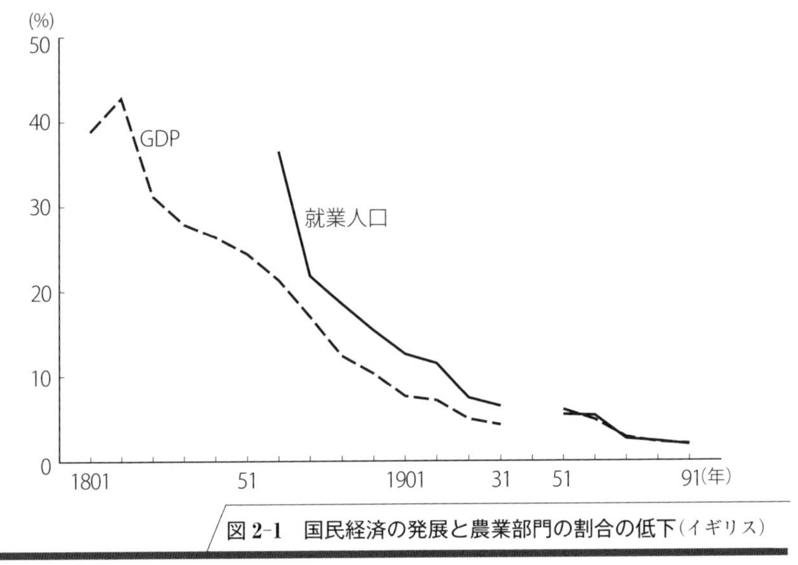

図 2-1　国民経済の発展と農業部門の割合の低下（イギリス）

出所）B. R. ミッチェル編／犬井正監訳／中村壽男訳『イギリス歴史統計』(原書房, 1995年).

図 2-1 は，19 世紀の初めから 20 世紀末までのイギリスのデータである．現在のイギリスでは，就業人口でみても GDP でみても農業の割合はわずかに 2% ほどでしかなく，イギリスの国民経済の中ではごく小さな部門となっている．

しかし 19 世紀の初めには，農業生産額はイギリスの GDP の約 40% を占めていた．世界で最も早く産業革命を経験し，農業的世界から工業的世界への移行をリードしたイギリスにおいてすら，農業が国民経済における中心部門であった時代はそれほど古くはないのである．

就業人口に関するデータは 1861 年からしか利用できないが，就業人口でみても**農業部門の相対的縮小**は明らかである．**農業就業人口**の全就業人口に占める割合は，19 世紀後半の 40 年間に 36.5% から 12.6% へと 3 分の 1 に低下し，20 世紀の末にはわずかに 2% まで低下した．

日本においても，イギリスとほぼ同様の農業部門の相対的縮小が起こったことは，**図 2-2** に示すとおりである．イギリスより経済発展が遅かった日本では，

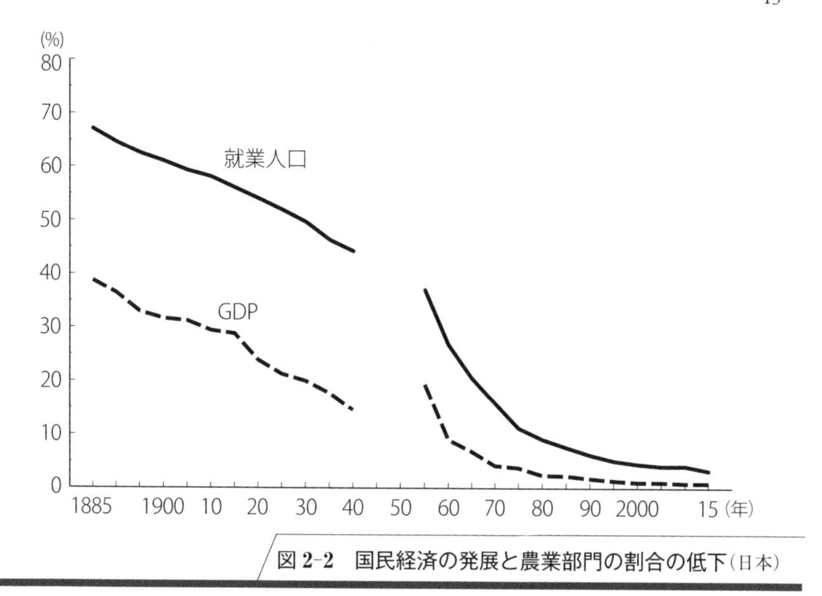

図 2-2　国民経済の発展と農業部門の割合の低下（日本）

出所）1960 年以前は Y. Hayami and S. Yamada, *The Agricultural Development of Japan*, University of Tokyo Press, 1991. それ以後は農林水産省「農林業センサス」および内閣府「国民経済計算」.

20 世紀の初めまで農業は国民経済の中心部門であり，1900 年における農業の割合は，就業人口でみて 61%，GDP でみても 32% に近かった．また 1920（大正 9）年に実施された第 1 回「国勢調査」では，市部人口の割合は 20% にも達していない．つまり日本人の過半数が農業に従事し，人口の大部分が農業的世界で暮らしていたのである．

しかしながら，第二次世界大戦による混乱を間にはさみながらも，日本の国民経済における農業の割合は，イギリスよりもむしろ急速に低下した．1885 年から 2015 年にいたる 130 年の間に，農業就業人口の割合は 20 分の 1 以下になり，また GDP の割合はほとんど 40 分の 1 以下に激減した．

就業人口の場合，GDP とは違って単に割合が下がるだけではなく，農業就業人口の絶対数もまた減少した．**表 2-1** でみると，日本の農業就業人口は 1880 年以降第二次世界大戦が始まるまではそれほど減らなかったし，戦後の一時期には工業と都市の戦災のため，かえっていくらか増加さえした．しかし 1960 年以降は，まさに「地すべり的」といえるような急激な減少を示してい

表 2-1　農業就業人口の減少（日本）　（単位：万人）

年次	農林水産業	農　　業
1880	1,507	
1890	1,480	
1900	1,479	
1910	1,470	
1920	1,470	
1930	1,473	
1940	1,447	
1960	1,333	
1970		1,205
1980		697
1990		482
1995		414
2000		389
2005		335
2010		261
2015		210

出所）農林水産業：Y. Hayami and S. Yamada, *The Agricultural Development of Japan,* University of Tokyo Press, 1991.
農業：農林水産省「農林業センサス」．販売農家の農業従事者のうち，主に自営農業に従事した世帯員数.

る．1970年にはまだ1000万人を上まわっていた農業就業者数は，2015年にはわずか210万人になった．50年近くの間に約6分の1になるという驚くべき減少である．

農業就業人口のこの急激な減少をもたらしたのが，いわゆる**高度経済成長**であることはいうまでもない．この期間に日本の1人当たり国民所得は，ドル換算値で1960年の約500ドルから2000年の3万5000ドルにまで，70倍にも増加したのである．もちろん経済成長は1人当たりの「実質」GDPの増加であるから，この間の物価上昇は割り引かなければならないが，日本の農業就業人口の地すべり的減少が非常に急速な経済成長と関連していることは明らかであろう．農業就業人口の減少傾向は，**農村過剰人口**という問題につながっているが，これについては後で述べる．

以上，イギリスと日本のデータを示したが，経済発展にともなう農業部門の

表 2-2　アジア諸国の GDP に占める農業の割合(2018 年)

	1 人当たり GDP(ドル)	農業の割合(%)
日　本	39,287	1
韓　国	31,663	2
マレーシア	11,239	8
中　国	9,771	7
タ　イ	7,274	8
インドネシア	3,894	13
フィリピン	3,103	9
ベトナム	2,564	15
イ ン ド	2,016	14
パキスタン	1,473	23
ネパール	1,026	25

出所）World Bank, *World Development Indicators.*

割合の低下は，どの国でもみられる普遍的な傾向である．そのため，国際比較をすると，1 人当たり GDP の高い国では農業部門の割合が小さく，逆に 1 人当たり GDP の低い国では農業部門の割合が大きくなっている．

表 2-2 は，いくつかのアジアの国についてそのことを示したものである．先に**表 1-1** でも示したことであるが，ここでアジアの国だけをとったのは，農業部門の割合が歴史や風土によっても左右されることを考慮して，農業の中心が稲作で米を主食としている国に限ったからである．

もちろん**表 2-2** にとりあげたアジアの国の間でも，歴史や風土には大きな相違がある．しかし 1 人当たり GDP の水準と，GDP に占める農業部門の割合との間には，ほぼ明らかな逆相関(一方が大きくなると他方が小さくなるという関係)がある．

経済発展と農業部門の割合とのこのような関係は，どの国民経済にも共通する普遍的なものであり，1 つの統計法則または経験法則といってもよい．そこでこの統計的事実を，経済現象を統計データにもとづいて研究した 17 世紀のイギリスの学者ウィリアム・ペティの名にちなんで，**ペティの法則**または**ペティ＝クラークの法則**と呼んでいる．クラークはコーリン・クラークといって，いろいろな発展段階にある国々の経済構造を比較研究する上で先駆的な業績を残したイギリスの経済学者である．

第2節　食料需要の所得弾力性

およそ経済の最終的な目的は，人々にその必要とする消費財を提供することである．現代の経済活動は非常に複雑になってはいるが，工場の建設や石油の輸出入も，銀行の融資，証券の売買，政府による税金や財政の仕組みなども，結局は消費者が求める商品を供給し消費者の生活を豊かにするための手段なのである．

民主主義社会の経済の仕組みである市場メカニズムは，消費者がよく買う商品を供給する企業(ないし産業)は繁栄し，消費者が買わない商品を供給する企業や産業は衰退するというプロセスを通じて，産業を消費者の欲求に合わせている．消費者の商品に対する需要が経済の全体のあり方を決定していくという市場経済の特質は，**消費者主権**と呼ばれている．

ミクロ経済学の理論によると，消費者の需要を決めるのは3つの要因，つまり消費者の**所得**，商品の**価格**，及び**消費者選好**(無差別曲線で表される消費者の好み)である．この3要因のどれが変化しても需要は変化するが，経済成長は消費者の所得の変化(上昇)であるから，ここでは所得の変化と需要の変化の関係を考察しよう．

所得の変化と需要の変化の関係を考えるには，やはりミクロ経済学で用いられている**需要の所得弾力性**が基本になる．需要の所得弾力性とは，他の条件が一定で所得だけが変化したときに需要がどれだけ変化するかを数量的に示すもので，次の式で与えられる．

$$\text{需要の所得弾力性} = \frac{\text{需要の変化率}}{\text{所得の変化率}}$$

この式で「変化率」というのは，変化の大きさをもとの水準に対する割合で示すものであり，普通は% 表示である．**表 2-3** が示すように，変化率を% で表示することを理解すれば，需要の所得弾力性を求めるのは簡単である．

さて，この式を変形すると次の方程式が得られる．

$$\text{需要の変化率} = \text{需要の所得弾力性} \times \text{所得の変化率}$$

表 2-3　需要の所得弾力性の計算(仮設例)

① 所　　得	30 万円	
② 所得の変化	+5 万円	
③ 所得の変化率	+16.7%	(②÷①×100)
④ 需　　要	10 kg	
⑤ 需要の変化	+2 kg	
⑥ 需要の変化率	+20%	(⑤÷④×100)
⑦ 需要の所得弾力性	+1.20	(⑥÷③)

表 2-4　経済成長と需要の変化(仮設例)

	商品 A	商品 B	商品 C
① 経済成長率	8.0%	8.0%	8.0%
② 需要の所得弾力性	2.0	0.5	−0.2
③ 需要の変化率(①×②)	16.0%	4.0%	−1.6%

経済成長と農業部門という本章の課題を考える上では，この方程式が基本となる．経済発展とは 1 人当たり実質 GDP の増加であるが，この増加を変化率(%)で表示したものがいわゆる「経済成長率」であるから，経済成長率はそのまま上の方程式の最後の項に代入することができるのである．そして，もし需要の所得弾力性がわかっていれば，上の式からすぐに経済成長率に対応する需要の変化率を求めることができる．

表 2-4 は，A，B，C という 3 種類の商品を仮定して，同じ経済成長率に対応するそれぞれの商品の需要の変化率を計算したものである．同じ 8.0% の経済成長のもとでも，需要の所得弾力性の違いによって，商品 A の需要は大きく増加し，商品 B の需要は少し増加し，商品 C の需要はかえって減少する．

産業部門の変化は需要の変化によって基本的に規定される．同じ経済成長率のもとで，ある産業部門の割合が相対的に大きくなるか小さくなるかを決めるのは，それぞれの部門の生産物に対する需要の所得弾力性の差である．

人口の変化を別にすれば，国全体の GDP の増加率と経済成長率とは同じである．そこで需要の所得弾力性が 1 より大きい商品の場合，**表 2-4** の方式で計算すれば，その需要の増加率は GDP の増加率よりも高くなる．逆に所得弾力性が1よりも小さければ，その商品の需要の増加率はGDPの増加率よりも低くなる．このことを式で表して，経済成長にともなう農業部門の相対的縮小傾向を示してみよう．

まずGDPに占める農業の割合の変化率は，次の式で表される．この式の導出については，章末の課題2で説明してある．

農業の割合の変化率＝農業生産物の成長率－GDPの成長率

この式の農業生産物の成長率に，16頁の式の需要の変化率をあてはめると，

農業の割合の変化率＝食料需要の所得弾力性×GDPの成長率－GDPの成長率
＝(食料需要の所得弾力性－1)×GDPの成長率

という式が得られる．この式から，食料需要の所得弾力性が1より小さければ，農業の割合の変化率はマイナスとなり，GDPに占める農業の割合がGDPの成長にともなって低下すること，そしてGDPの成長率が高いほど，GDPに占める農業の割合は急速に低下することがわかる．

経済成長にともなって農業部門の相対的割合が小さくなるのは，農業部門の主要な生産物である食料の需要の所得弾力性が1よりも小さいからである．そして次に述べるように，食料需要の所得弾力性が1よりも小さくなるのには，当然の理由がある．したがってペティ＝クラークの法則は，経験法則であるとはいっても充分な根拠のある歴史的傾向を示しているのであり，経済成長にともなって農業部門の相対的割合が低下するのは必然だと考えなければならない．

第3節　エンゲルの法則

家計費の総額に占める飲食費の割合(飲食費÷家計費)を**エンゲル係数**ということはよく知られている．**E. エンゲル**は19世紀ドイツの経済学者であるが，その当時の労働者世帯の家計費を研究していて，1つの統計的事実を発見した．

家計費に占める飲食費の割合は，家計費総額が大きいほど低い傾向がある

というその発見は，今では**エンゲルの法則**と呼ばれていて，およそ経済問題

表 2-5　所得階層別エンゲル係数(日本)

(単位：%)

所得階層	1955 年	2000 年	2005 年	2010 年	2015 年	2018 年
Ⅰ	54.7	24.5	23.9	25.6	28.7	30.6
Ⅱ	50.0	23.7	23.7	24.8	26.8	28.0
Ⅲ	46.8	23.3	22.2	24.3	25.6	26.2
Ⅳ	43.4	21.7	21.4	23.3	23.9	24.9
Ⅴ	37.3	19.1	19.6	20.9	22.6	22.9

出所）総務省統計局「家計調査」勤労者世帯用途分類表より計算.
注）Ⅰ-Ⅴは低い方から高い方へ 20% ずつの世帯の平均を示す.

の統計的な研究の歴史の上で最も広く通用する経験法則の１つである.

エンゲルの法則はミクロ経済学の**限界効用逓減**の理論からも説明される. 飲食費で購入される食料という消費財は, その量が少ないときには限界効用が非常に高いが, 購入量が増加して満腹に近づくにつれて限界効用が急速に低下するという性質を持つからである. たとえば食料と衣服を比べてみよう. どんな世帯でも, まず生存のために必要な最小限の飲み物や食料を他のあらゆる商品に優先して購入する. 家計費の総額が少ない場合は, 生存のための飲食費支出が家計費の大きな割合を占めざるをえないので, エンゲル係数は高くなる.

しかし食料はいくらでも欲しいという商品ではない. １世帯で消費できるパンや肉や牛乳の量には限度がある. パンを買えばその分米は不要となり, 肉を買えばその分魚は買わない. つまり食料全体としてみた場合, 消費量が充分大きくなり家族全員が満腹になると, その限界効用は急速に低下するのである.

これに対して衣服の限界効用は, 家計が豊かになり衣服を沢山買えるようになってもそれほど低下しない. 青いセーターがあっても赤いセーターも欲しいからである.

このように考えると, 家計費が豊かになっても食料への支出はそれほど増えず, 家計費総額に占める飲食費の割合は低下するというエンゲルの法則は, 統計的な経験法則であるだけではなく, ミクロ経済学の理論からも説明できる「理論法則」としても成立する. エンゲルの法則が非常に一般的に通用するのは, そのような理論法則の面をもっているからである.

ところで, エンゲルの法則で「家計費総額が大きいほど」というのは, もともとはエンゲルが調査した当時のドイツにおける貧しい家計と豊かな家計とを

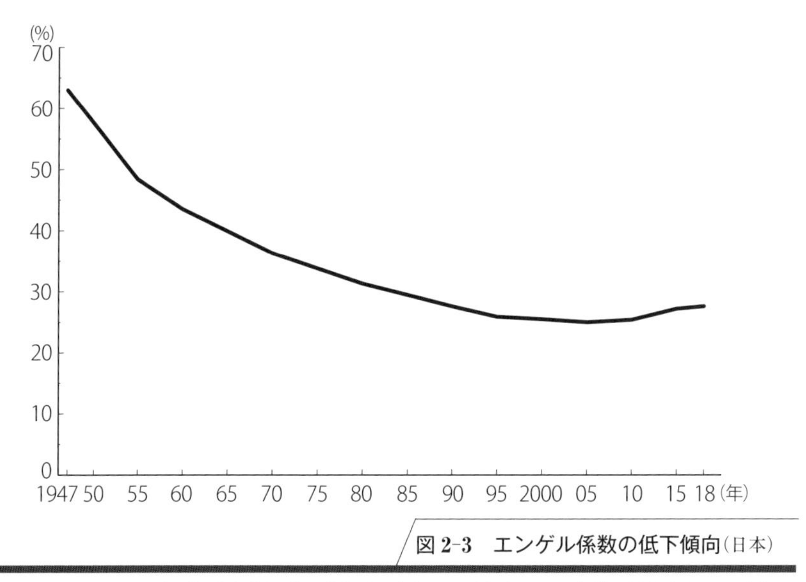

図 2-3　エンゲル係数の低下傾向（日本）

出所）総務省統計局「家計調査」品目分類表から，食費／総支出として計算.

比較したものである．このような比較を「所得(家計費)階層別比較」という．1時点のデータによって分析する**横断面(クロス・セクション)分析**の1つである．

これに対して，家計費が経済成長によってだんだん豊かになるというもう1つの比較を考えることができる．どの国でも経済成長にともなって平均的な世帯の所得水準が高まり家計費も増加するが，エンゲルの法則はこの場合にも成立するのである．これは家計費の時間的な動向を比較する分析であるから，横断面分析に対して**時系列(タイム・シリーズ)分析**と呼ばれている．

表 2-5 と**図 2-3** は，日本のデータで所得階層別と時系列のエンゲル係数を示したものであり，いずれをみてもエンゲルの法則が確かになりたっている．時系列では2005年以降エンゲル係数がやや上昇に転じているが，これも世界的な金融危機や日本経済の低迷，税負担増大などの影響で近年家計が圧迫されているためと考えられる．

図 2-4 は国際比較である．これも1つの所得階層別比較であるが，大局的にみてやはりエンゲルの法則がなりたっている．ただしこの図の場合は全く例外

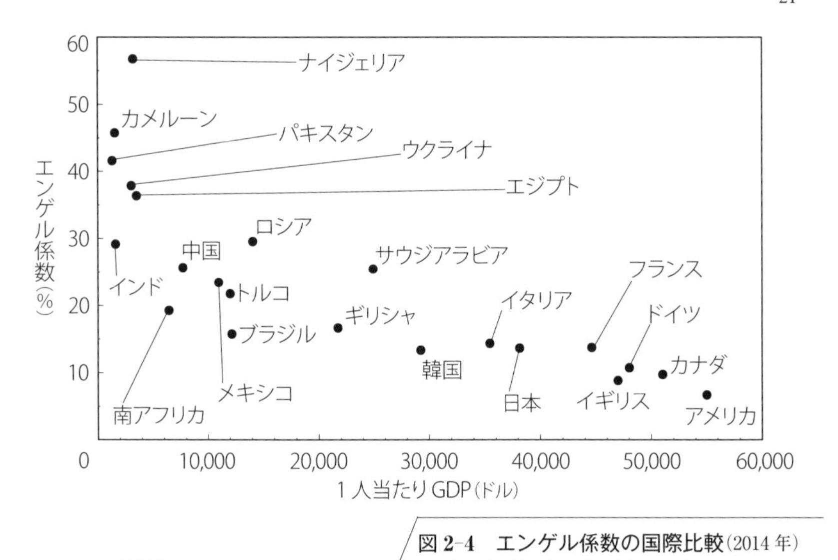

図 2-4　エンゲル係数の国際比較(2014年)

出所）USDA, IMF.

がないというわけではない．先に消費者の需要は3つの要因，つまり所得，価格，消費者選好によって決まると述べたが，多くの国を比較するときには商品の価格も違い消費者選好も違うので，所得水準だけに着目するエンゲルの法則が厳密になりたたないのは当然である．むしろ**図 2-4** のように事情の異なるさまざまな国の比較でも，エンゲルの法則がほぼなりたつということが重要である．

さて，エンゲルの法則は個別世帯の家計費の問題であるが，1つの国民経済について家計費を合計すると，それはマクロ経済学でいう GNE(国民総支出)の中の「民間消費支出」になる．したがって経済成長によって国民所得の水準が高くなると，民間消費支出に占める飲食費の割合は小さくなっていく．その結果として，食料を生産する農業の GDP に占める割合が小さくなるのである．

このように考えると，ペティ＝クラークの法則とエンゲルの法則とは，その成立する根拠が共通していることがわかる．ペティ＝クラークの法則は，国民経済に占める農業部門の割合というマクロ経済の問題であり，エンゲルの法則は家計費に占める飲食費の割合というミクロ経済の問題であるが，それは同じ

表 2-6　需要の所得弾力性(日本)

費目	1965年	1980年	2000年	2010年	2018年
食　料	0.73	0.59	0.68	0.65	0.63
被服履物	1.23	1.49	1.54	1.69	1.85
家　具	0.88	0.95	0.97	0.88*	0.84
光熱水道	0.72	0.57	0.47	0.40	0.28
交通通信	1.24	0.88	1.14	1.15	1.25
教　育	1.84	1.69	2.42	3.16	4.40
教養娯楽	1.29	1.29	1.18	1.21	1.24
こづかい	1.70	1.77	2.00	1.91	1.97

出所）総務省統計局「家計調査」(各年).
注）収入階級別データを用いた最小二乗法による推計値.
*は回帰係数の t 値が 2.0 以下のもの.

法則の異なった現れ方をとらえているのである.

最後に，食料需要の所得弾力性とエンゲルの法則の関係を考えてみよう.

$$\text{飲食費支出} = \text{食料需要量} \times \text{食料価格}$$

であるから，もし食料の価格が一定ならば，食料需要量の変化率と飲食費支出の変化率は同じになる．さらに所得の変化率と家計費の変化率が同じならば，

$$\text{食料需要の所得弾力性} = \frac{\text{飲食費の変化率}}{\text{家計費の変化率}}$$

となる.

ところで，エンゲルの法則は，家計費が増加するときその増加率よりも飲食費の増加率が小さいことを意味している．つまり上の式の分子は分母より小さい．したがって食料需要の所得弾力性は1よりも小さいことになる．こうして，価格を一定と仮定することによって，エンゲルの法則から食料需要の所得弾力性が1より小さいことを導くことができる.

表 2-6 は，家計費の主要な項目について需要の所得弾力性を示したものである．食料と家具および光熱水道の需要の所得弾力性は1より小さく，その他の項目の需要の所得弾力性は1よりも大きい.

経済成長の過程では，食料，衣服，家具，その他すべての商品の需要が変化してゆくが，それはもちろん所得の変化だけでなく価格の変化にも消費者選好

の変化にも影響されている．だが経済成長が1人当たり実質所得の増加である以上，所得効果は経済成長にともなう需要の変化の最も重要な要因であるといえる．経済成長にともなって，需要の所得弾力性が1より大きい財を生産する産業部門は相対的に拡大し，需要の所得弾力性が1より小さい財を生産する産業部門は相対的に縮小するのである．農業は代表的な相対的縮小部門である．

第4節　農業の過剰就業

経済成長にともなって国民経済に占める農業部門の割合が縮小するという必然的な傾向は，しばしば**農業の過剰就業**という問題を引き起こす．それは，農業部門から非農業部門へ労働力がうまく移動できず，過剰な労働人口が農業的世界の内部に滞留するからである．

この問題は，これまで述べてきた需要の変化を，経済成長の供給の側面である労働の生産性の上昇と合わせて考えることによって次のように説明される．

まず，

$$労働の生産性=\frac{生産量}{就業者数}$$

という式から始めよう．これは労働生産性の定義式である．この式を変形して，

$$生産量=労働の生産性\times就業者数$$

となるが，これを成長率の式にすると，

$$生産量の成長率=労働生産性の上昇率+就業者数の増加率$$

となる．

さて，説明を簡単にするために，貿易を無視して，閉鎖経済を前提として国民経済の全体を農業部門と非農業部門とに分けて考えると，経済成長の供給面と需要面とがバランスするためには，それぞれの部門の生産量の成長率が需要の増加率と等しくなることが望ましい．ところで，農業部門の生産物(食料)の需要の増加率は非農業部門の生産物の需要の増加率よりも小さいのであるから，需要面と供給面とがバランスするためには，

食料生産の成長率＜非農業部門生産物の成長率

とならなければならない．

ここでもし農業部門と非農業部門の労働生産性の上昇率に大きな差がないとすると，需要・供給のバランスを保つためには，

農業就業者数の増加率＜非農業就業者数の増加率

とならなければならない．これがすなわち，経済成長にともない農業部門の割合が小さくなるという法則を，生産ないし供給の面から示す不等式である．

ところで実際には，先に**表 2-1** で示したように，農業就業人口は減少している．つまり上の不等式の「農業就業者数の増加率」はマイナスであり，増加率ではなく減少率なのである．このことを理解するには，先の生産量成長率の方程式を移項して就業者数の増加率の方程式に変形するのがよい．すなわち，

就業者数の増加率＝生産量の成長率－労働生産性の上昇率

とするのである．

食料消費がある水準にまで達すると，食料に対する需要の増加率は非常に低くなる．一方農業技術の進歩によって農業部門の労働生産性は上昇し続ける．その結果，上の式の生産量の成長率を低い食料需要増加率に合わせると，農業就業者数の増加率はマイナスとなってしまうのである．

理論的には以上のとおりであるが，現実には農業就業者数を減少させるのは簡単なことではない．経済全体のいろいろな要因が関係するので，国により時代によって状況は異なるけれども，農業就業者数が上の方程式で示されるだけ減少しない場合，農業部門にはその分だけの過剰人口が滞留することになる．

しかしながら，農村の場合，過剰人口は，都市の場合とは違って，必ずしも失業者となって表に現れてこない．後に第５章で述べるように，農業経営の多くは家族経営であり，家族の中に実際には不必要な労働力があっても，それは目に見える形での失業者とはならないのである．このように，家族経営の中に滞留している過剰人口は，**農村の潜在失業人口**とも呼ばれている．

こうした農村過剰人口は２つの面で問題となる．第１に，それは国民経済全

体として労働力を十分に活用できていないという意味で非効率である．いいかえれば，もしその人口がうまく非農業部門に転換できれば生産されたはずの潜在的GDPが失われている．国民経済としてはその分GDPの損失となる．

第2に，非農業部門に転出できずに農村に滞留している過剰人口は，仕事と所得を失って生活が困難となる．そのような過剰人口が大量に発生するとなると，それは重大な社会問題である．

第1の問題は生産部門間の合理的な労働配分という**経済効率**の問題であり，第2の問題は農民の貧困という**社会厚生**ないし**福祉**(welfare)の問題である．この2つの問題は，経済発展にともなう農業部門の相対的縮小という必然の傾向に，社会と経済が全体としてうまく調整されないときに起こるものであって，2つの側面を合わせて**農業問題**(farm problem)と呼ばれることもある．その根底にあるのは，農業部門の生産物である食料に対する需要の所得弾力性が1よりも小さいという事実である．

経済成長の過程で，それまで大きな割合を占めていた農業部門が縮小しはじめた時，そこに発生する過剰人口が失業者として顕在化しないで，農村の家族経営の中に滞留することは，それを社会問題として表に出さないままに温存することでもある．農村過剰人口は，一面では社会的非効率ではあるが，一面では農村が急激な社会変化の衝撃を潜在失業人口という形で吸収することによって，社会の安定を保つ役割を果たしているのである．

しかしながら，潜在失業人口の圧力がしだいに大きくなると，農村もそれを維持することが不可能となり，過剰人口は都市に流出して失業は顕在化し，社会は不安定となる．経済成長が急速であればあるほど，この問題は深刻になる．成長する都市的世界が，農村過剰人口をいかにして吸収し，社会的摩擦をさけてゆくかは，経済開発過程の重要な問題である．

課　題

1. **表2-3**により，所得が35万円から30万円に減少し，需要が12キログラムから10キログラムに減少したとして，需要の所得弾力性を計算すると，少し違った値が得られる．実際に計算してみよ．

2. GDP を Y，農業生産額を A，農業の割合を R とすると，$A=RY$ である．このとき Y が y だけ変化し，A が a だけ変化し，R が r だけ変化するとすれば，それぞれの変化率は y/Y，a/A，r/R である．

$$A+a=(R+r)(Y+y)$$

を用いて，

$$a/A=(r/R)+(y/Y)+(r/R)\cdot(y/Y)$$

を証明せよ．

この式で $(r/R)\cdot(y/Y)$ はごく小さい値であるため無視するならば，$r/R=(a/A)-(y/Y)$ という近似式が得られる．$y/Y=3\%$，$a/A=2\%$ として計算してみよ．この式は成長率の基本式で，本書 18 頁の農業生産物の成長率の式と，23 頁の生産量成長率の式もこの近似式である．

3. 農業就業者が非農業に新しく職を求めようとする場合，どういうことが問題となるか，具体的に考えよ．

4. 食料需要を x，所得を y，その間の関係が $x=f(y)$ という関数であるとすると，需要の所得弾力性は厳密には

$$\frac{dx}{x}\bigg/\frac{dy}{y}=\frac{dx}{dy}\cdot\frac{y}{x}$$

となる．ただし $\dfrac{dx}{dy}=f'(y)$ は微分を示す．これについては A.C. チャン・K. ウエインライト／小田正雄他訳『現代経済学の数学基礎（第 4 版）（上・下）』（シーエーピー出版，2010 年）などを参照．

5. **表 2-6** の t 値とは，各推定値が「統計的に有意にゼロと異なるか」つまり「有意性」を示す指標である．有意性や t 値について，興味ある人は統計学の入門書（例えば，田中勝人『経済統計（第 3 版）』岩波書店，2009 年）によって調べてみよ．

6. 1950 年代の半ばから 80 年代にかけて日本経済は急速に成長した．この「高度経済成長」の期間に，日本の社会は一変したといってよい．高度成長は「バブル崩壊」によって終わった．日本経済の高度成長やバブルについては多くの文献があるが，まず武田晴人『高度成長』（岩波新書，2008 年）を参照せよ．

第3章
食料の需要と供給

農業の主な生産物である食料は，いうまでもなく最も基本的な消費財であり必需品である．生存のために必要な最小限度の食料は，価格が高かろうと低かろうと消費者はどうしても手に入れなければならない．これをミクロ経済学の用語でいうと，**食料需要の価格弾力性**は非常に小さい．

一方で食料の**供給**には，国民経済の他の分野にはあまりみられない１つの不安定性がある．それは天候による豊作・凶作という**作況変動**である．

ことに食料の大部分を占める穀物は，広大な農地に作付けされ，数か月の間風雨にさらされて生産される．農業技術の進歩や灌漑設備の整備によって，収量(単位面積当たり生産量)を高めると同時に安定させる努力は営々と続けられているけれども，農業的世界ではまだまだ自然の力は強大である．

冷害や旱魃(かんばつ)によって収量が下がると，消費者は少ない食料を求めて競争し，価格が暴騰する．逆に天候にめぐまれて大豊作になると，食料は過剰となり，生産者は買い手を求めて競争し，価格が暴落する．

食料は生存のための必需品であるから，豊作・凶作による供給量の大きな変動は，ただ市場価格の変動だけではすまされない事態になることもある．凶作の年には食料を買えない消費者は飢餓に直面し，豊作の年には貧しい小農民が価格の暴落で苦しむ．激しい豊凶変動は，市場経済の範囲内では解決できない社会問題となる．

供給面では大きな作況変動を避けられず，需要面では価格弾力性が小さいために，食料の需要と供給の調整は市場メカニズムだけでは充分に処理できず，しばしば政策の介入を求めなければならない．

第1節　農業生産と作況変動

広い意味での農業部門には，養豚や養鶏のように外部の自然からほとんど隔離された建物(畜舎)の内部で行われる畜産や，温室の中で土壌を用いないで行われる花や野菜の栽培も含まれる．こうした部門では，生産は風雨や気温に左右されず，供給は基本的にはミクロ経済学の「企業の行動」で示されるように，価格に対応して利潤を最大にするという原理に従っている．

しかし現在のところ，そのような部門は世界の食料生産のごく小さな割合を占めているに過ぎない．世界の食料の大部分は15億ヘクタールという広大な耕地で栽培されている小麦や米などの穀物と果樹・野菜，そしてその外側の更に広大な33億ヘクタールの草地に放牧されている牛や羊から供給されている．

合わせると約48億ヘクタール，地表の約33%を占める**農用地**は，工場やホテルや銀行のような都市的世界の生産施設とは全く異なっている．時により場所によって，水にも気温にも恵まれて豊作になることもあるが，大洪水や暴風雨で作物が全滅することもある．食料の供給は人間(農業生産者)の行動だけで決めることができないのである．

食料供給の自然条件による変動を考えるには，次の式が役に立つ．

$$生産量=収量\times作付面積$$

収量(yield)というのは単位面積当たりの生産量のことで，時には「単位収量」ないし**単収**と書くこともある．つまり，食料の生産量は，収量と作付面積という2つの部分からなりたっている．

このうち天候の影響を直接に受けるのは，いうまでもなく収量の方である．温帯では，春夏の気温が低すぎれば稲や麦は生育せず実らない．乾燥地帯では，雨が降らなければ作物は立ち枯れてしまう．バングラデシュのような低平地では，洪水ですべてが水没して収穫がゼロとなることも珍しくない．

これに対して，作付面積の方はかなりの程度まで人間の力で決定することができる．もちろん播種(はしゅ)時期に水が不足するなどで計画どおりの作付けができないこともないわけではないが，食料供給に対して自然の力が影響するのは何と

表 3-1　小麦の単収変動

（単位：kg/ha）

年次	世界			アフリカ		
	最高収量	最低収量	最高/最低	最高収量	最低収量	最高/最低
1960-69	1,437	1,110	1.29	1,070	715	1.50
1970-79	1,970	1,529	1.29	1,067	901	1.18
1980-89	2,571	1,878	1.37	1,682	1,111	1.51
1990-99	2,758	2,454	1.12	2,022	1,571	1.29
2000-09	3,073	2,688	1.14	2,526	1,753	1.44
2010-17	3,531	2,972	1.19	2,838	2,301	1.23

出所）FAOSTAT.

いっても収量の方である．

表 3-1 は，世界全体と収量が最も低いアフリカとについて，小麦の収量変動を示したものである．世界全体としても，アフリカだけをとってみても，1960 年代から現在まで収量は次第に高くなってきている．しかしながら，それぞれの 10 年ごとに収量が最高の年と最低の年との比をみてみると，収量変動そのものは決して小さくなっていないことがわかる．

収量を高めるとともに収量を安定させるのは**農業技術**と**農業基盤投資**の役目である．**品種改良**，**化学肥料**，**農薬**などは，気象変動に耐性があり収量の高い品種を作り出し，作物に充分な養分を与え，病害虫を防いでいる．農業基盤投資，ことに**灌漑**と**排水**のためのダムや水路の建設は，天水(雨水など)の変動に対抗して農業用水の供給を管理している．

日本の稲作は，収量を安定させるための努力が，農業技術と農業基盤投資の両面において世界の最高水準に達している 1 つの例である．**図 3-1** に示すように，気象条件を平年並みであるとしたときの計算上の収量である**平年収量**は，1950 年の 10 アール当たり 330 キログラムから 2017 年の 534 キログラムまで，約 70 年間で 1.6 倍に高まった．

実際の収量も，平年収量の上昇にともなって，1950 年代の平均値 344 キログラムから 2010 年以降の平均値 535 キログラムまで上がっている．しかし 1 年ごとの実際の収量と平年収量の比率である**作況指数**の変動は，決して小さくなったとはいえない．1950 年代で最も作況の悪かった 53 年には，実際の収量

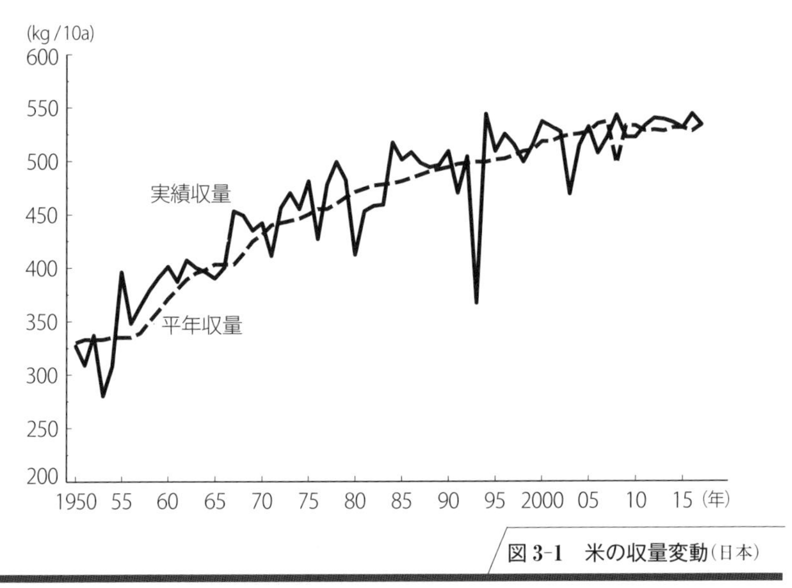

図 3-1　米の収量変動（日本）

出所）農林水産省「作物統計」.

は平年収量より 16% も低かったし，逆に大豊作であった 55 年の作況指数は 118 で 18% の増収であった．90 年代でも，93 年の大不作の年の作況指数は 74 で，26% という大減収であり，21 世紀に入ってからも 2003 年の作況指数は 90 であった．

日本では稲作が農業の中心であり，品種改良や栽培その他の技術は世界の最高水準に達しているといってもよい．また灌漑・排水の施設にも充分な投資が行われて，水不足も洪水もほとんど後を絶っている．それですら，これだけの収量変動をまぬがれないのである．世界全体としてみれば，食料の供給が気象条件の影響を受けなくなるまでには，なお長い年月が必要であると考えなければならない．

第 2 節　食料需要の価格弾力性

第 2 章では食料需要の所得弾力性が小さいことを詳しく説明した．ここでは**食料需要の価格弾力性**について述べるが，食料の場合，需要の価格弾力性も小さいのである.

需要の価格弾力性は，他の条件が一定で価格だけが変化したときの需要の変化を数量的に示すもので，次の式で与えられる.

$$\text{需要の価格弾力性} = \frac{\text{需要の変化率}}{\text{価格の変化率}}$$

この式の具体的な計算方法などは，所得弾力性の場合とほぼ同じであるから，ここでは説明を省略する.

ここで注意しなければならないのは，経済学でいう**需要**(demand)とは，消費者が代価を支払って買う量のことであって，単なる「必要(need)」とは違うという点である．食料は生存のために絶対に「必要」ではあるけれども，あまりに価格が高くなると買わない消費者がでてきて，需要は減少する.

さて需要の価格弾力性の説明に入る前に，需要曲線(demand curve)について簡単に述べよう.

需要曲線には2つの理解のしかたがある．1つは需要価格曲線という考え方であり，もう1つは需要量曲線という考え方であるが，需要曲線のグラフはどちらの場合でも**図3-2**のように，横軸に数量をとり縦軸に価格をとって描くのが普通である.

需要価格(demand price)というのは，ある数量の商品を市場で販売するとして，その数量を全部売り切ることのできる最高の価格のことである．数量が少なければ高い価格でも全部売れるが，数量が多くなると価格を安くしなければ売り切ることはできなくなる．つまり需要価格は数量が多くなるほど低下するので，需要曲線は右下がりのカーブになるはずである.

次に**需要量**(quantity demanded)というのは，ある価格で商品を販売するとしたときに，市場で売ることのできる最大量のことである．価格が安ければ需要量は多く，価格が高ければ需要量は少ないから，需要曲線はやはり右下がりのカーブとなる.

図3-2は，以上の説明にもとづいて需要曲線のグラフを例示したものである．ただし需要曲線の形はそれぞれの商品によって異なるので，食料の需要曲線については後で説明する.

次に需要の価格弾力性と需要曲線の勾配について説明しよう．第1に，需要

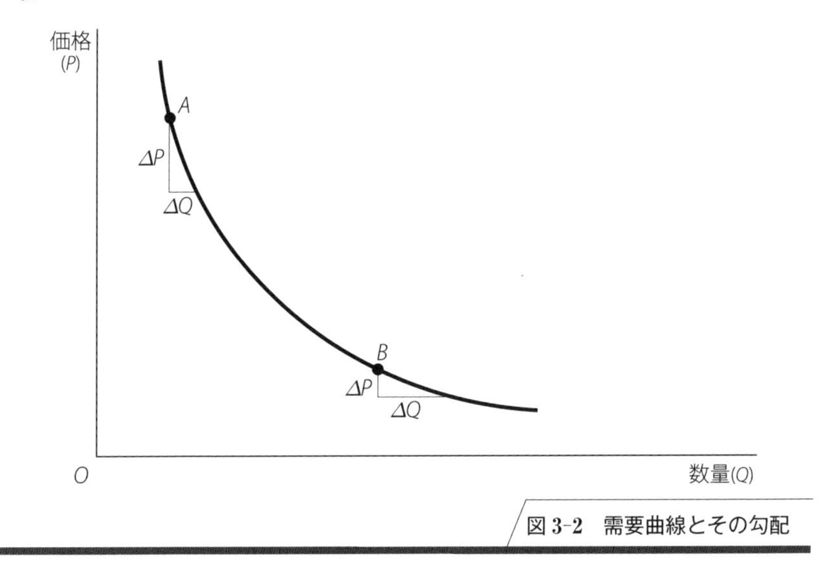

図 3-2　需要曲線とその勾配

曲線は常に右下がりなので，需要の価格弾力性はマイナスの値になる．需要量の変化率と価格の変化率とはプラス・マイナスの符号が逆になるからである．

需要の価格弾力性が小さいというのは，それがマイナスだということではなく，絶対値がゼロに近い小さな値だという意味である．ただし絶対値の記号は面倒なので省略して表記するのが普通である．

さて第 2 に，**図 3-2** の点 A では需要曲線の勾配が急(steep)であり，点 B ではゆるやか(flat)である．図の ΔP や ΔQ が示しているように，点 A の近傍では ΔP が大きくても ΔQ は小さく，点 B の近傍では ΔP に対して ΔQ が大きい．ただし，需要の価格弾力性は，需要量の変化率と価格の変化率との比率

$$\frac{\Delta Q}{Q} \Big/ \frac{\Delta P}{P}$$

なので，ΔP と ΔQ の比較だけで大小を判断することはできない．**図 3-2** では，点 A と点 B の需要の価格弾力性はほぼ同じ値になっている．

図 3-3 は食料の需要曲線のモデルである．この曲線の形は，商品としての食料の 2 つの特質を示している．その 1 つは**必需性**，もう 1 つは**飽和性**である．

食料は人間の生存のために絶対に必要な財である．食料が非常に乏しい状態

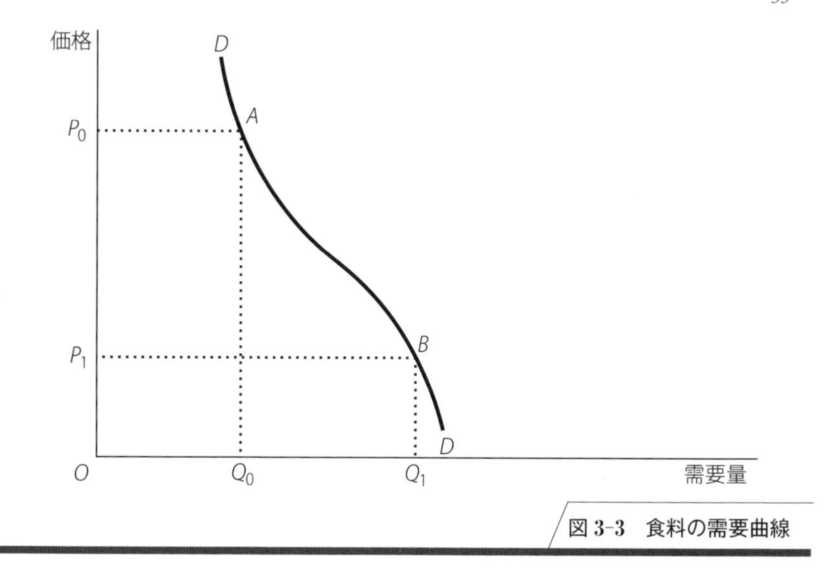

図 3-3　食料の需要曲線

では，人々はどんなに高価であっても生存に必要な食料は買おうとするので，需要曲線の勾配は非常に急になり，需要の価格弾力性は小さくなる．これが食料需要の必需性であり，**図 3-3** では点 A から左の急な勾配がそれを示している．

さて，食料の乏しい状態ではそれは必需品であるが，その反面，食料がある程度以上多くなると，その需要は飽和し，価格を下げても需要は増加しなくなる．どんなに美味な食品であっても，満腹となった消費者は買わないからである．そのような状態での食料の需要価格は非常に低くなってしまう．

図の点 B は食料消費が飽和した状態を示している．その内容は点 A とは全く異なっているけれども，需要曲線の勾配はやはり急であり，食料需要の価格弾力性は小さい．

食料が非常に乏しく，多くの消費者が飢餓にさらされ生存のために食料を奪い合うような状態では，もはや食料を市場で自由に売買することは不可能となるだろう．そのような極限状態では，自由な取引を本質とする市場の機能は停止する．**図 3-3** の点 A より左の部分では，食料は極端に乏しく，市場のメカニズムは働かなくなり，需要曲線も需要の価格弾力性も意味を失うものと考えなければならない．

表 3-2　需要の所得・価格弾力性(2005 年)

	所得弾力性					価格弾力性				
	食　料			交通・通信	娯楽	食　料			交通・通信	娯楽
	穀物	野菜	肉類			穀物	野菜	肉類		
アメリカ	−0.09	0.21	0.34	1.13	1.25	0.00	−0.15	−0.25	−0.83	−0.92
日　本	0.01	0.32	0.49	1.13	1.29	−0.06	−0.24	−0.36	−0.83	−0.94
インド	0.54	0.62	0.78	1.20	2.13	−0.39	−0.46	−0.57	−0.88	−1.57
タンザニア	0.56	0.65	0.80	1.24	7.52	−0.41	−0.48	−0.59	−0.91	−5.52

出所) USDA, *International Evidence on Food Consumption Patterns: An Update Using 2005 ICP Data*, TB No. 1929, 2011.
注) World Bank, International Comparison Program の 2005 年データによる推計値である.

後に第 8 章でくわしく述べるが，世界には，点 A より左の飢餓状態におかれている人口が現在でも数億人はいる．一方 1 人当たり GDP が 1 万ドルを超えるような豊かな国では，多くの消費者が点 B の付近で生活している．食料需要の価格弾力性が小さいというのは，点 A よりも右，点 B に近い経済状態を想定しているのである．点 A よりも左の世界では，食料問題は市場経済の範囲の問題ではなく，人間の生死にかかわる問題となっている．

このように，食料需要の価格弾力性が小さいというのは，市場経済がほぼ正常に機能するだけの生活水準を前提としていえることである．**表 3-2** は，例として近年の食料需要の所得弾力性と価格弾力性の推定値を国際比較したものである．日本など先進国の食料消費が需要曲線上の点 B に近いところにあることはいうまでもなく，その価格弾力性は低所得国よりもかなり小さくなっている．また，世界のどこの国であっても食料は最も重要な必需品であるから，交通・通信や娯楽などの需要よりも食料需要が最も非弾力的なのである．

第 3 節　農産物市場の不安定性

供給面における避けられない自然条件の影響(作況変動)と，需要面における食料の価格弾力性の小ささ，この 2 つの要因は**農産物市場の不安定性**という問題を引き起こしている．

図 3-4 が，不安定な農産物市場を示したものである．DD は**図 3-3** と同じく

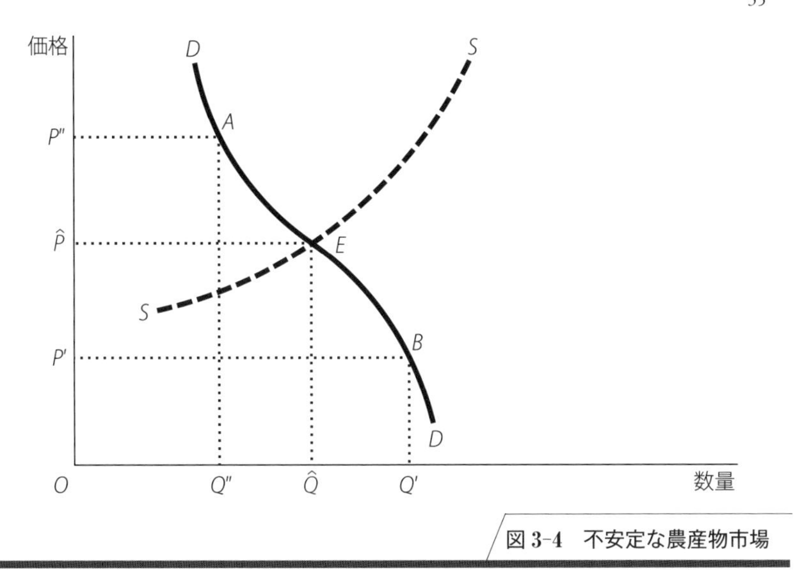

図 3-4　不安定な農産物市場

食料の需要曲線であり，供給曲線 SS は，気象条件を平年並みとした場合に，農業生産者がそれぞれの価格に対応して供給しようとする数量を示している．いいかえると，SS は平年収量を前提とした上で，ミクロ経済学の供給曲線と同じ企業(生産者)の行動を示している．

もし気象条件による作況変動という特殊な問題がなければ，これは普通のミクロ経済学で示される市場の均衡，つまり需要と供給が一致するように価格が決まるというのと同じ図である．$\hat{P}$ はいうまでもなく均衡価格，$\hat{Q}$ は均衡需要量(＝供給量)である．

実際には，農産物の生産量つまり収穫量が生産者の計画どおりの均衡値 $\hat{Q}$ に一致することはまれで，豊作の年にはそれよりも大きくなり，不作の年にはそれよりも小さくなる．もし豊作で収穫量が Q' になれば，価格は P' に下落する．反対に不作で収穫量が Q'' になれば，価格は P'' に上昇する．

この場合，需要の価格弾力性が小さいことは，作況変動がもたらす価格変動を増幅させる原因となる．収穫量の少ない不作の年には，乏しい食料をめぐって消費者が激しく競争し価格をつり上げるし，収穫量の多い豊作の年には，生産者はどんなに価格を下げても生産物を売り切ろうとして競争するからである．

このことは，価格弾力性の式を用いて直接示すこともできる．前節の価格弾力性の定義式を変形すると，

$$価格の変化率=\frac{需要の変化率}{需要の価格弾力性}$$

という式が導かれる．いま均衡供給量をもとにして考えると，仮に豊作によって収穫量が増えた場合，それを売り切るためには，収穫量の増加率と等しいだけの需要の増加率をもたらすだけ価格が変化しなければならないが，そのために必要な価格の変化率は，収穫の増加率を需要の価格弾力性で割ることによって求められる．

豊作によって収穫量が仮に10% 増えたとする．上の式で計算すると，もし需要の価格弾力性の絶対値が大きくて2.0 であるとすれば，増加した生産物を売り切るためには価格を5% だけ下げればよい．しかし，需要の価格弾力性が－0.3 といった小さな値である場合には，価格を33% 以上も下げなければ売れ残ってしまうのである．不作の場合ももちろん同じで，価格弾力性が小さいために，不作の年の食料価格は暴騰することになる．

図3-5 は，世界市場における小麦と米の価格変化を示したものである．1990 年から2018 年までの28 年間で，最高価格と最低価格の差は，小麦で3.1 倍，米で3.7 倍となっている．また価格変化が一番大きかったのは，小麦では2006 年から2007 年にかけての33% の上昇，米では2007 年から2008 年にかけての107% の上昇であった．

普通の工業製品では，このような急激な価格変動が起こるのは，経済全体が大きく変動するインフレーションやデフレーションの時だけである．衣服やテレビなどの価格も，戦争などで激しいインフレーションが起こったりすれば，1 年で2 倍にも3 倍にもなることがある．しかし1990 年以降現在までにそのような物価変動はなく，消費者物価指数でみてみると，アメリカでは22 年間に63% の上昇，日本では9% の上昇にとどまっていた．農産物の場合は，それでもなお1 年に30% や100% といった大きな価格変動が実際に起こっているのである．

農産物市場の価格変動は，その大きな要因が人力の及ばない気象条件であるという点と，その変動がテレビや洋服などの価格変動よりもずっと大きいとい

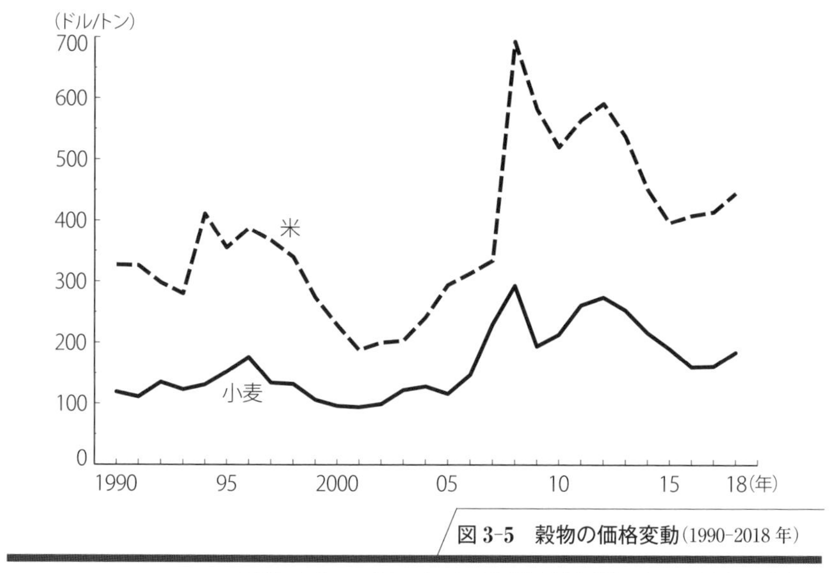

図 3-5　穀物の価格変動(1990-2018 年)

出所）小麦：ロイター(シカゴ商品取引所価格)，米：タイ国コメ輸出業者協会(タイ 100% グレード B 白米価格)．

う点で，1つの特別な問題として扱わなければならない．この問題については次節で説明する．

農産物の需要と供給については，もう1つ特殊な問題が残っている．それは，穀物や野菜などの作物にしても，牛乳や牛肉のような畜産物にしても，その生産に長い期間がかかることからくる問題である．

もちろん工業製品であっても，工場の建設から実際に商品が出荷されるまでには長い期間がかかる．これは経営学でいう**固定資本**および**埋没費用**(**sunk cost**)の問題である．しかし労働や原材料などの「経常投入」と「産出」の間の期間を考える場合，普通の工業製品ではそんなに長くはかからない．だからパン工場やアイスクリーム工場では，毎日その日の生産量を変化させることができる．

農業の場合，工場に当たるのは農地や農道や貯水池や用水路などである．こうした**農業固定資本**の形成には，時によって数十年という長い年月を必要とするが，ここで取り上げるのは，経常投入と産出の間の期間の問題である．

農業の場合，工業とはっきり違うのは，経常投入と産出の間の時間の長さである．春に種を播(ま)いて秋に収穫するまで，耕耘(こううん)のための労働や肥料の投入，除草，灌排水などの管理といった経常投入は，時には1年近くも産出に先立って行われなければならない．

畜産物の場合でも，牛肉の生産には，まず繁殖牛の受胎から分娩までに約10か月かかり，さらに子牛が生まれたときから出荷するまでには，飼料を与え畜舎を清掃し糞尿を処理するなどの経常投入を1年も2年も続けなければならない．

経常投入と産出の間の長いタイム・ラグは，将来価格の予想にもとづく生産量の決定という難しい経営問題を引き起こす．一般のミクロ経済学の理論では，企業は価格に対応して供給量を決定することになっているが，農業では将来の収穫時に価格がどうなるかは未知のままで，種を播き肥料を与えなければならないのである．

つまり農業では，数か月あるいは数年先の価格を予想して，小麦の作付面積や子牛の飼育頭数を決定しなければならない．実際の販売価格は予想価格を上まわることもあれば下まわることもある．販売価格が予想より高ければ，生産者の側から見て供給が少なすぎたことになり，予想より低ければ供給が多すぎたことになる．

こうして予想と実際とがくいちがうことから，思わぬ利益を得たり，逆に損失をこうむったりする．これは株式市場や外国為替市場での投機に似ているが，農業の場合には，生産期間が長いという技術的特質のために，すべての生産者が好むと好まざるとにかかわらず，不確実性によるリスクを負担しなければならないのである．

予想と実際とのギャップは，農産物の市場に独特の変動をもたらす．牛肉や豚肉の場合には，それがある種の周期的変動(サイクル)になっていることが古くから知られていて，**ビーフ・サイクル**とか**ピッグ・サイクル**と呼ばれている．

このようなサイクルが起こるメカニズムを説明する1つの簡単なモデルが，**図3-6**に示した**くもの巣モデル**である．くもの巣モデルでは，生産者は収穫時の価格が作付け開始時の価格と同じであると予想して作付け量を決定すると仮定されている．

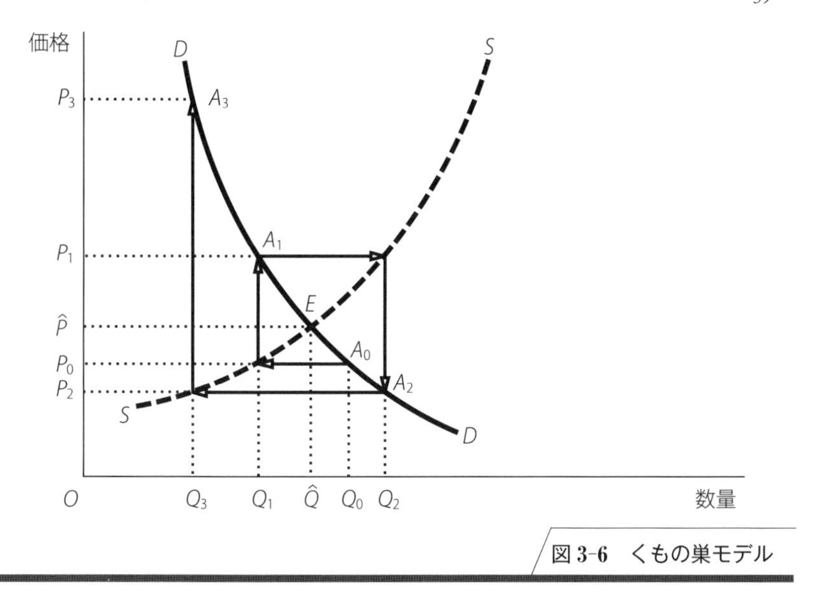

図 3-6　くもの巣モデル

図 3-6 では，点 A_0 からサイクルがスタートする．価格は P_0(供給は Q_0)であるから，生産者は将来の価格も P_0 であると予想し，それと供給曲線 SS とから来期の供給量を Q_1 に決定する．しかし実際に収穫が行われて計画どおり Q_1 が供給されると，それを売り切る価格は，需要曲線 DD 上の点 A_1 に対応する P_1 になってしまう．

価格が P_1 になったとき，生産者は再びその価格が将来も続くものと予想して，供給曲線上の価格 P_1 に対応する Q_2 の量を作付ける．しかし収穫期がきて Q_2 が市場に供給されたときには，価格は需要曲線上の点 A_2 に対応する P_2 になってしまう．

図 3-6 では，本来の需給均衡点はいうまでもなく点 E であり，均衡価格は $\hat{P}$，均衡供給量(＝需要量)は $\hat{Q}$ である．しかし最初に点 E ではなく，それから少しはずれた点 A_0 から出発すると，価格も数量もどんどん均衡点を離れて，$A_0 \to A_1 \to A_2 \to A_3$ と，くもの巣のような軌跡をたどって変動を続けることになる．

くもの巣モデルでは，**図 3-6** と反対に，最初にどの点から出発しても，価格と数量とが均衡点に収束する場合があることもよく知られている．それは供給曲線と需要曲線の勾配の関係によるのであって，供給曲線の勾配が需要曲線の勾配よりも急であればサイクルは均衡点に収束し，図のように供給曲線の勾配が需要曲線よりもゆるやかであればサイクルは発散してしまう．

第4節　農産物価格安定政策

不安定な農産物市場は，2つの面で政策的な介入を必要とすることがある．第1は，不作による**価格暴騰**対策であり，第2は，豊作による**価格暴落**対策である．

農産物価格の騰貴が政府の市場介入を必要とするのは，いうまでもなくそれが食料であり，すべての消費者にとっての必需品だからである．もし不作によって食料の価格が暴騰したとき，すべての食料が所得の高い購買力のある消費者に買い取られてしまって，所得の低い消費者は飢えにさらされることになったとすれば，いかにそれが需給均衡価格であり正常な市場メカニズムの結果であるといっても，これを放置することはできない．

市場メカニズムは，民主主義社会の基本的な経済の仕組みではあるが，それは決して万能ではない．飢えにさらされ生存の危機に直面している消費者を救うために市場に介入するのは，民主主義社会の政府の当然の役割だというよりもむしろ，そういう政策的介入の仕組みが備え付けられているのが，民主主義社会の市場メカニズムなのである．

他方，農産物価格の暴落は，消費者にとっては望ましいことである．しかしそれによって生産者である農民の生活が困窮することになると，やはり政策的介入が必要となる．ことに農産物の供給者の多くが相対的に低所得階層に属していて，農産物価格の下落によって深刻な生活困難に陥るような場合には，それは大きな社会問題となる．

農産物価格の暴落問題については，2つの点に注意しなければならない．第1に，豊作は一種の供給過剰であるけれども，それは気象条件という人力を超えた不可抗力の結果であって，一般の企業にもみられるリスクとは異なっているという点である．工場生産が計画どおり正常に行われていても，さまざまな要因によって過剰供給が生じて売れ残り在庫が堆積することはあろうが，その場合でも，生産量を決定するのはあくまで利潤を最大にしようという企業の行動である．その点で，一般の企業の方がリスク負担の責任を強く求められるのは当然である．

第2は，いわゆる**豊作貧乏**の問題である．先に述べたように，天候に恵まれて豊作になるのは，消費者の立場からすればむしろ望ましいことである．それが生産者の立場からみて政策介入が必要な問題となるのは，生産の増加率よりも価格の下落率の方が大きくて，生産量と価格の積である販売額が減少するからである．

豊作貧乏もまた，食料需要の価格弾力性に関係した現象である．

$$\text{販売額} = \text{生産量} \times \text{価格}$$

であるから，変化率の式に書き直すと，

$$\text{販売額変化率} = \text{生産量変化率} + \text{価格変化率}$$

となるが，市場価格の決定では生産量と需要量が一致するのであるから，生産量変化率を需要量変化率と置き換えられる．そうすると，需要の価格弾力性の式を書き換えた式を用いて，

$$\text{価格変化率} = \frac{\text{生産量変化率}}{\text{需要の価格弾力性}}$$

となるが，食料需要の価格弾力性の絶対値は1より小さいから，絶対値でみて，

$$\text{価格変化率} > \text{生産量変化率}$$

となるのである．

仮に需要の価格弾力性を0.2とすると，生産量が10% 増加すれば価格は50% 下落し，販売収入は40% ほど減少する．これが豊作貧乏である．

政府が作況変動に対応して市場に介入することを，**農産物価格安定政策**という．その具体的な手段にはいろいろなものがあるが，ここではそのうちの1つとして，政府による直接**市場介入方式**を説明しておこう．

そのやり方を簡単に示したのが**図3-7**である．ある農産物(仮に米とする)の望ましい価格と数量が，需要曲線上の点Eで示されているとする．簡単にす

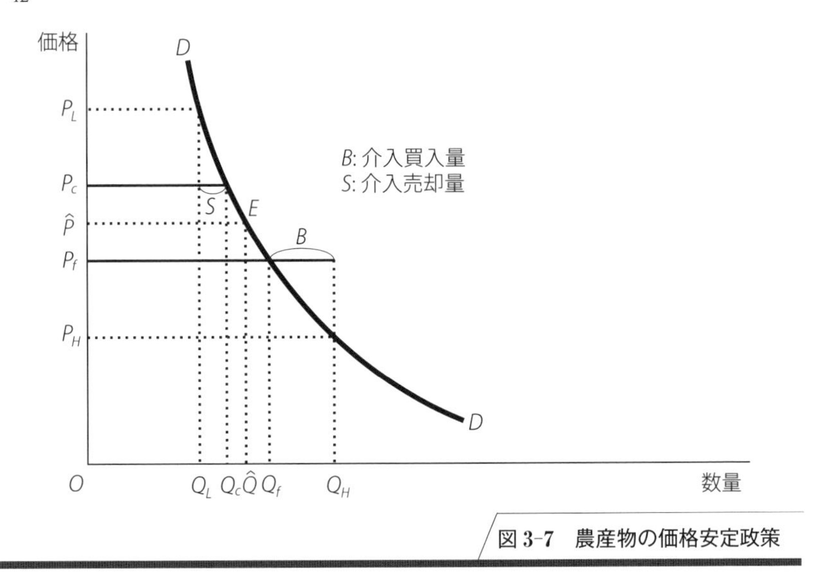

図 3-7　農産物の価格安定政策

るため図には供給曲線は描いていないけれども，点 E を需要曲線と供給曲線が交わる均衡点だとするのは1つの自然な考え方である．

さて，政策的な判断によって，米価が $\hat{P}$ を中心として P_c を上まわらず P_f を下まわらないことが望ましいとしよう．P_c は**天井価格**(ceiling price)，P_f は**床価格**(floor price)と呼ばれるものである．また P_f から P_c までの区間は**価格安定帯**と呼ばれている．

作況変動が小さくて，供給量が $\hat{Q}$ を中心として Q_c と Q_f の間にある場合には，価格は安定帯の中におさまっており，政府介入の必要はない．しかしもし大豊作で生産量が Q_H になったとすると，放置すれば価格は P_H まで下落してしまう．ここで政府が B の分だけの米を買い入れて在庫として保有すれば，その分だけ市場に出まわる過剰は解消され，価格は P_f にとどまる．これが**買入れ介入**による買支えである．

反対に不作のために生産量が Q_L まで減少すると，市場価格は天井価格 P_c を超えて P_L まで上昇する．このときには政府は手持ちの在庫米を S だけ放出して供給量を増やし，価格を P_c まで下げる．これが**在庫放出介入**である．

図 3-7 に示したような介入売買の制度は，価格安定帯がうまく設定されてい

ればよく機能し，価格安定の役割を果たす．しかし実際には価格安定帯が高めに設定されるため，政府に**介入買入在庫**が累積し，放出の機会がないまま大きな財政負担をまねくことが少なくない．

1980年代には，欧州連合(European Union: EU)における**共通農業政策**(Common Agricultural Policy: CAP)が「バターの山・ワインの湖」といわれるほど莫大な量の介入買入在庫を作り出し，またアメリカの「1980年農業法」のもとでも小麦と粗粒穀物(coarse grain，主としてとうもろこしなど家畜の飼料にする穀物)の過剰在庫が堆積した．

これらの在庫を処分するために補助金付き輸出競争が激化して貿易市場を混乱させたため，それを正常に戻すための**GATT農業交渉**が始まったのが1986年である．この交渉は各国の利害が対立して難航し，93年12月になってようやく妥結した．そしてできたのが，現在の**WTO**(World Trade Organization：世界貿易機関)のもとにおける農産物の貿易ルールである．この問題については第7章で説明する．

課　題

1. 米，野菜，肉などの個別商品をまとめて「食料」という1つの商品とみなすことを**集計**(aggregation)という．穀物，食料，農産物などはすべて集計量である．それぞれについて集計の方法をいくつか考えよ．
2. 需要曲線を$Q=f(P)$とするとき，厳密にはその勾配は$dQ/dP=f'(P)$であり，価格弾力性は$f'(P)\cdot\frac{P}{Q}$である．$f(P)=\alpha P+\beta$であれば，勾配は常にαで一定であるが価格弾力性は変化する．$f(P)=-2P+10$とし，$P=1,2$などについて価格弾力性を求めてみよ．
3. 需要曲線の傾斜が供給曲線の傾斜よりも小さい場合と大きい場合について，実際にくもの巣モデルを作図して価格の収束と発散を確かめよ．またなぜ収束(発散)するのか，その理由を考えよ．
4. 食料価格の暴騰と暴落で誰がどう困るのかを具体的に考え，その上で暴騰対策と暴落対策ではどちらが大切か考えよ．
5. 欧州連合は1951年に6か国のECSC(European Coal and Steel Community)で

スタートし，1967年にはEC(European Community)，1993年にはEU(European Union)となって，現在の参加国は25を超えているが，本書では便宜上EUと統一表記した．CAPについては，B. ガードナー／村田武他訳『ヨーロッパの農業政策』(筑波書房，1998年)を参照せよ．

第4章 農業生産と土地

経済学では，生産要素を本源的生産要素(土地・労働・資本)と中間投入要素(原材料)に分類している．本源的生産要素の用いられる割合を集約度というが，農業は，林業を別にすれば，他の産業と比較にならないほど**土地集約度**が高い．農業は**土地集約型産業**である．

工業やサービス産業などでは，土地の集約度は低く，生産過程で土地の果たす役割も小さい．そのためにミクロ経済学の「生産の理論」では，土地は省略されて資本と労働だけが取り上げられていることが多い．しかし農業の生産の理論では，土地こそが投入(input)と産出(output)の技術的関係の中心となる．

中間投入要素も，普通のミクロ経済学ではあまり重要な役割を与えられていない．これは多くの場合に中間投入と産出の比率がほぼ一定だからである．食パン1斤(きん)を生産するのに必要な小麦粉の量，Tシャツ1枚を作るのに必要な布地の量などはほぼ一定で，小麦粉や布地の価格が高くなったからといって使用量を減らすわけにはいかない．

これに対して農業では，中間投入要素(たとえば肥料)の使用量と，穀物の生産量との比率は決して一定していない．そのため，肥料の価格と穀物の価格を考慮して，どれだけ肥料を投入するかを決定するのが重要な問題となる．

第1節　BC過程とM過程

小麦や米の生産では，まず農地を耕し，種を播(ま)き，肥料や水を与え，除草し，病気や害虫を防除し，結実を待って収穫する．これが昔から世界のどこでも行われているやり方である．

穀物生産のこうした過程は2つの側面を持っている．1つは，種子が発芽し，成長して結実するという側面である．これは基本的には生物学的な過程だが，その過程で肥料や農薬などが重要な役割を果たすので，生物学・化学的過程と考えるのが普通である．生物学(Biology)と化学(Chemistry)のＢとＣをとって，農業生産のこの側面を**BC過程**ないし**BC技術**と呼ぶことができる．

もう１つは，トラクターで土地を耕したりコンバインで収穫したりする側面である．これは基本的には力学ないし機械学的な過程である．この側面は，機械学(Mechanics)のＭをとって**M過程**，**M技術**と呼ぶことができる．

もちろん，実際にはこの２つの側面が密接に結びついて農業生産が行われている．しかし，土地・労働・資本という３つの本源的生産要素と肥料や農薬などの中間投入要素との間の複雑な技術的関係を理解するためには，BC過程とM過程とを分けて考える方が便利である．

BC過程とM過程の間の大きな相違は，BC過程は基本的に**農場の規模**(面積)と無関係であるのに対し，M過程は農場の規模と密接に関係しているということである．種子が発芽し，肥料を吸収して成長し結実する過程は，１平方メートルの土地でも１ヘクタールの土地でも同じである．だから１平方メートルの土地で起こっていることを１万倍すれば，ほぼそれが１ヘクタールの土地のBC過程になると考えてよい．

一方機械が中心となるM過程ではそうはならない．１ヘクタールの農場を耕すのに用いられるトラクターで，１平方メートルの土地を耕すことは不可能である．200ヘクタールを超えるカリフォルニアの大規模稲作農場では，軽飛行機で種を播いたり肥料を散布したりすることができるけれども，１ヘクタールの半分にもならない零細な水田で米を作っている日本や韓国の農家では，それは全く無理である．

ミクロ経済学の用語で表現すると，BC過程は**分割可能**(divisible)であり，M過程は**分割不可能**(indivisible)である．農地そのものは完全に分割可能だが，BC過程で用いられる種子，肥料，農薬，水などの要素がすべて最小単位までに分割できるのに対して，M過程の中心的な役割を果たす機械は分割することができないからである．たとえば100ヘクタールの農場で耕耘(こううん)や収穫を効率的に行うように作られた大型のトラクターやコンバインは，１ヘクタールや２ヘクタールの農場では充分に能力を発揮できない．零細な農場で使うには小型のトラクターの方が使いやすいし，大型トラクターよりも効率性はむしろ高い．

もっと小さな山間の水田になると，鍬(くわ)で耕し鎌で刈り入れることしかできなくなる．

BC過程を経済学的に分析するときには，農場の規模という要因を無視してもほとんどさしつかえない．1ヘクタールの耕地を想定して考えれば，それがほぼそのまま10ヘクタールの農場にも100ヘクタールの農場にもあてはまる．それはもちろん1つの「単純化」で，実際にはBC過程も農場の規模と全く無関係ではないことを忘れてはならないが，分析を進める上でこのような単純化はしばしば必要であり，また役にも立つのである．BC過程の技術の基本問題は，以下で説明するように**収穫逓減の法則**である．

これに対して，M過程を経済学的に分析するときには，農場の規模が決定的に重要な要因となる．農場の規模によって使用可能な農業機械が異なり，その結果，生産費用にも差がでてくるからである．M過程の技術の基本問題は**規模の経済性**である．

第2節　BC過程と収穫逓減の法則

小麦の生産者が，50ヘクタールの農場にどれだけの種子を播き，どれだけの肥料を施すか？　これは小麦農場の経営にとって大切な問題である．これは農業生産のBC過程に関することだから，農場の規模が50ヘクタールではなく20ヘクタールであっても，基本的には同じである．つまりこの問題は「分割可能」である．

ここでは，1ヘクタールの土地に小麦を作るとして，どれだけ肥料を与えるのがよいかという問題を考察しよう．種子，農薬，水などについても考えなければならないが，問題の性質が非常によく似ているので，それらは所与のものとして，土地と肥料だけに注目することとする．

さて小麦が作付けされた1ヘクタールの土地について，肥料と収量の間には，ほぼ**図4-1**に示されるような関係がある．これは農業経済学では**肥料反応曲線**と呼ばれるもので，肥料という投入と小麦という産出の間の技術的関係であるから，ミクロ経済学でいう**生産関数**の一種である．

図4-1の意味は，誰にも明らかであろう．肥料を全く与えなければ小麦はわ

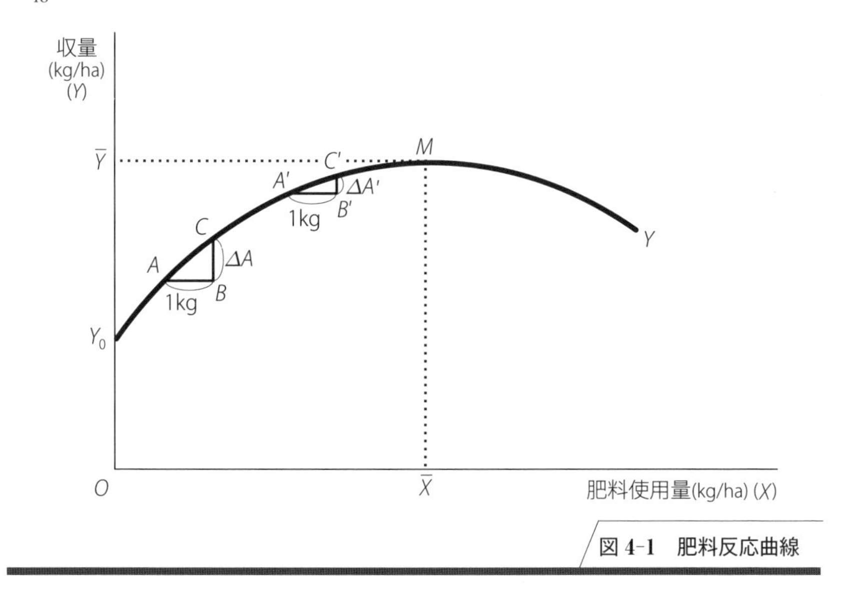

図 **4-1**　肥料反応曲線

ずかしか実らず，収量は Y_0 という低い水準になる．施肥量(肥料の投入量)をだんだん多くしていくと，収量はそれにつれて高まるが，その増収効果はしだいに弱くなり，あまりに大量の肥料を与えると収量はかえって減ってしまうということである．

図では，横軸の $\overline{X}$ で収量が最高の $\overline{Y}$ に達し，それを超えると，肥料反応曲線上の点 M より右側の領域で，収量がしだいに減少することが示されている．$\overline{Y}$ は，**技術的最大可能収量**である．

図の ΔA や $\Delta A'$ は，肥料 1 キログラムの追加投入がもたらす増収量である．これを肥料の**限界生産力**という．図でわかるように，肥料の限界生産力は施肥量が多くなるにつれて減少していき，$\overline{X}$ から右側ではマイナスになってしまう．この技術的な法則を，経済学では**収穫逓減の法則**(law of diminishing returns)という．

収穫逓減の法則の重要な意味は，まず，食料生産に技術的最大可能収量という限界があるということである．**図 4-1** は 1 ヘクタールの土地を想定しているが，BC 過程は分割可能であるから，収穫逓減の法則は 20 ヘクタールの農場にも 50 ヘクタールの農場にも同じように成立している．それどころか，世界の耕地面積全体にも，収穫逓減の法則があてはまる．

さて，穀物の生産量は，

穀物生産量＝収量×作付面積

で与えられる．もし全世界の耕地面積が一定であるとすれば，世界の穀物生産量は「技術的最大可能収量×総耕地面積」という限界を超えることができない．つまり世界全体として生産可能な穀物の量には，収穫逓減の法則によって一定の限界がある．この限界を超えて人口が増加したらどうなるのか？　これが，世界の**食料問題**(food problem)の１つの側面である．

収穫逓減の法則のもう１つの重要な意味は，**経済的最適収量**という問題に関係している．「経済的最適」とは何かというのは，なかなか難しい問題なのだが，ここでは簡単に「利益(＝売上高－費用)を最大化すること」と考えよう．

図 4-1 についていえば，売上高は収量×小麦価格であり，費用は施肥量×肥料価格である．つまり，

小麦作の利益＝収量×小麦価格－施肥量×肥料価格

となる．問題は肥料反応曲線の上のどの点で利益が最大となるかである．**図 4-2** によって説明しよう．

肥料を１キログラム多く用いると，肥料の価格(円／キログラム)の分だけ費用が増える．それに対して売上高は「収量の増加分×小麦価格」だけ増えるが，収量の増加分はつまり肥料の限界生産力であるから，売上高は「肥料の限界生産力×小麦価格」だけ増加するといってもよい．

ところで，利益の増加分は，売上高の増加分から費用の増加分を差し引いた残りである．すなわち，小麦価格と肥料価格に変化がないものとすれば，

利益の増加分＝肥料の限界生産力×小麦価格－肥料価格

となる．

上の式が示すように，肥料の限界生産力が低下するにつれて利益の増加分は小さくなり，あるところからはマイナスとなる．利益の増加分がプラスの間は，もっと多く肥料を用いた方が利益が増えるが，肥料の限界生産力が低下して利

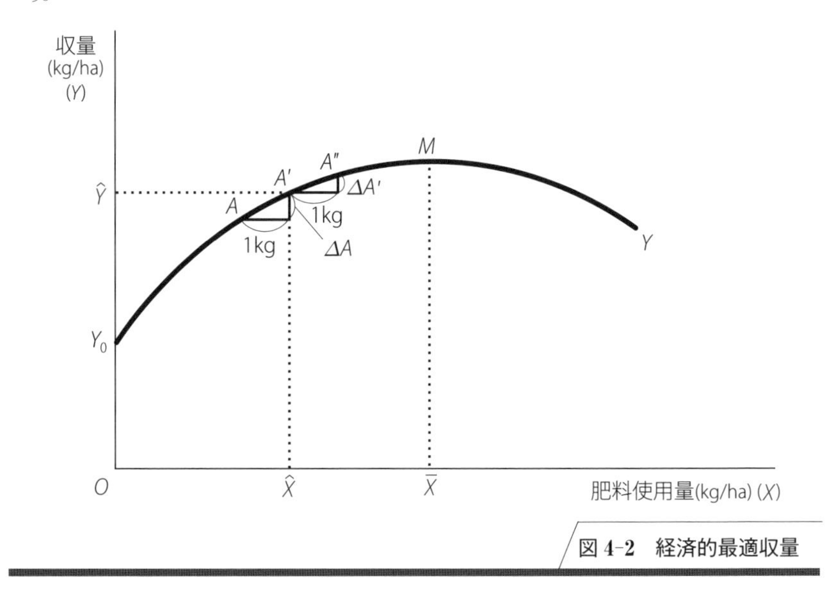

図 4-2　経済的最適収量

益の増加分がマイナスとなれば，それ以上肥料を増やせば損失をまねくことになる．

利益が最大になるのは，利益の増加分がプラスからマイナスになる境界のところである．**図 4-2** でいうと，点 A では，

$$\Delta A\text{（肥料の限界生産力）}\times\text{小麦価格}>\text{肥料価格}$$

であるが，点 A' では，

$$\Delta A'\times\text{小麦価格}<\text{肥料価格}$$

となっているとすれば，点 A' がプラスからマイナスに変わる境界である．この境界のところでは，利益の増加分がちょうどゼロになっているとみてよい．すなわち，利益が最大となっている点 A' では，

$$\text{肥料の限界生産力}\times\text{小麦価格}=\text{肥料価格}$$

となっている．これが経済的最適収量を決める方程式である．

図 4-2 では，肥料反応曲線上の点 A' で利益が最大となっている．つまり点

表 4-1　経済的最適収量の決定(仮設例)

施肥量(kg/ha)	収量(kg/ha)	収量増加分(kg/ha)	利益(円/ha)
0	50		2,500
100	170	120	5,500
200	270	100	7,500
300	350	80	8,500
400	420	70	**9,000**
500	470	50	8,500
600	500	30	7,000
700	510	10	4,500
800	515	5	1,750
900	500	−15	−2,000
1,000	480	−20	−6,000

注）肥料は 100 kg＝3,000 円，穀物は 100 kg＝5,000 円として計算したもの．

A' が小麦作経営の利益最大点であり，それに対応する収量 $\hat{Y}$ が経済的最適収量，また $\hat{X}$ が最適な施肥量である．

表 4-1 は，以上に図で説明したことを，数値例を用いて示したものである．最初の 2 列が肥料反応曲線を数字にしたものであり，3 列目は肥料の限界生産力である．4 列目の利益は，小麦の販売額と肥料代の差であり，1 ヘクタール当たり施肥量が 400 キログラムのところで最大の 9000 円となっている．

経済的最適収量は 420 キログラムで，技術的最大可能収量 515 キログラムよりも小さいが，市場経済のもとでは，400 キログラム以上の肥料を用いるのは損であり，生産者は収量が 420 キログラムになるように肥料を用いることになる．したがって市場経済のもとでの穀物生産量(供給量)は，

$$\text{穀物供給量} = \text{経済的最適収量} \times \text{耕地面積}$$

という式で与えられることになる．

ところで，経済的最適収量を決める方程式を変形すると，

$$\text{肥料の限界生産力} = \frac{\text{肥料価格}}{\text{小麦価格}}$$

となる．

この式は**図 4-2** で明らかなように，経済的最適収量 $\hat{Y}$ と同時に**最適施肥量** $\hat{X}$ を決める式でもある．小麦価格が高いと右辺は小さくなり，小麦価格が安いと右辺の値は大きくなる．逆に肥料価格が高いと右辺は大きくなり，安いと小さくなる．

こうして，小麦価格が高ければ，肥料の限界生産力が小さくなるまで多くの肥料が用いられ（$\hat{X}$ が右に動く），経済的最適収量 $\hat{Y}$ も高くなる．反対に肥料価格が高いと，$\hat{X}$ は左に移り，肥料はあまり用いられず，経済的最適収量は低くなる．

このように，収穫逓減の法則を基礎にして，小麦（農産物）の価格と肥料の価格に応じて生産者が経済的最適収量を決定する行動が，市場経済における価格と農産物供給の関係，つまり前章の**図 3-4** や**図 3-6** で用いたような右上がりの**農産物供給曲線**の基本となるメカニズムである．

第 3 節　M 過程と規模の経済性

企業の規模が大きくなると生産物 1 単位当たりの生産費が小さくなることを，**規模の経済性**（economies of scale）という．農業の場合についていえば，農場規模が大きいほど生産物 1 単位当たりの生産費が安くなるのが規模の経済性である．

この問題を考えるには，まず生産費とは何かというところから始めなければならないが，ここでは簡単のために，生産費は BC 過程では肥料代のみ，M 過程では農機具とそれを使う労働の費用のみだとしよう．農機具費は，それを自分で所有している場合には，その耐用年数を考慮して「減価償却費」として計算しなければならないが，ここでは簡単のために農機具は借りることとし，その賃借代金としておく．

ところで，ここで問題にしている生産費というのは，ミクロ経済学の用語では**平均費用**（average cost）すなわち生産物 1 単位当たりの費用のことである．そうすると，規模の経済性については，BC 過程の費用つまり肥料代は無視してもよいことになる．BC 過程は分割可能で，農場の規模に関係なく，1 ヘクタール当たり収量も肥料代も一定だからである．

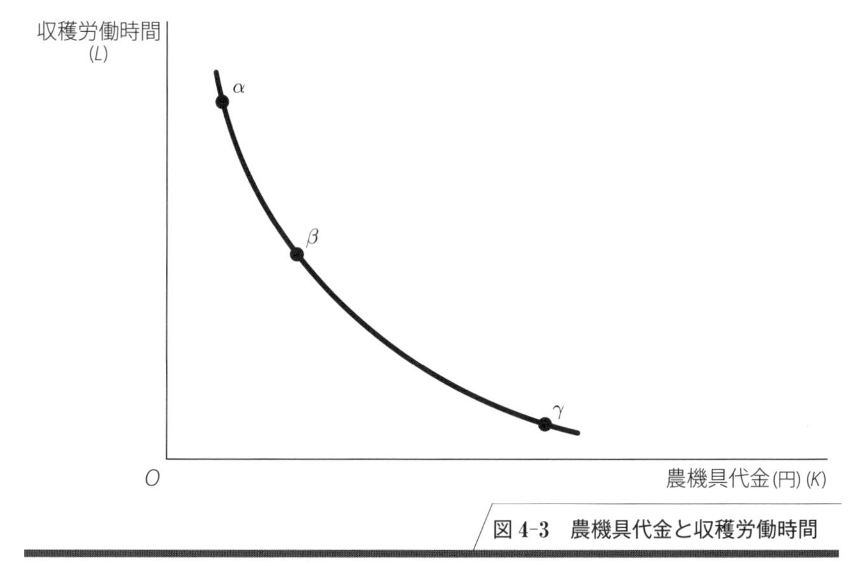

図 4-3　農機具代金と収穫労働時間

注）それぞれの農機具を用いて50ヘクタールの小麦を収穫する場合の労働時間と農機具賃借代金を示している．

そこで問題はM過程つまり耕耘や収穫の機械と労働の費用にしぼられる．ここではそれを，鍬で耕し鎌で刈取る零細農機具(α)，歩行型の耕耘機と刈取機を用いる中型農機具(β)，乗用型のトラクターとコンバインを用いる大型農機具(γ)の比較で説明しよう．モデルとして50ヘクタールの小麦農場における刈取り作業を考える．

図 4-3 は，α, β, γ それぞれの技術を，横軸に50ヘクタールの小麦の刈取りに必要なそれぞれの農機具の賃借料金をとり，縦軸にはそれぞれの農機具を使った場合に必要な労働時間をとって示したものである．農機具の使用時間は労働時間と等しいとみてよいから，横軸は1時間当たりの賃借料金に労働時間を掛けあわせた金額となる．この金額を，小麦の収穫のための「農機具の投入」と考えると，**図 4-3** の α, β, γ をつないだカーブは，ミクロ経済学でいう**等生産量曲線**である．それぞれの点が，50ヘクタールの小麦の刈取りという同じ量の生産のための，労働と農機具との異なった投入量の組み合わせになっているからである．

このカーブが右下がりになっているのは，1時間当たりの賃借料に農機具使用時間を掛けた金額が，大型農機具の場合ほど高くなることを示している．これは実際的な仮定である．鎌とコンバインとの大きな価格差を考えれば，どんなに長時間にわたって鎌を使用したとしても，その賃借料金額はコンバインの短時間の賃借料金額よりもずっと小さいはずである．また労働時間がα, β, γの順に小さくなることはいうまでもない．労働時間当たりの生産量を**労働生産性**(labor productivity)というが，労働生産性はα, β, γと農機具が大きくなるほど高くなっている．

問題は，このカーブの上のどの点が費用最小点になるかである．それは，この場合には，もっぱら賃金率つまり時給によって決まる．なぜならば，刈取りのための総費用と，平均費用つまり小麦1トン当たり費用は，それぞれ，

$$\text{総費用} = \text{労働費} + \text{農機具費}$$

$$\text{平均費用} = \frac{\text{総費用}}{\text{総生産量}}$$

となるが，この問題では，農機具費は横軸で示されているKであり，労働費は縦軸の労働時間Lに時給を掛けて求められるからである．

図4-4は，賃金率と費用の関係を示したものである．総費用をCとし，賃金率をwとすると

$$C = wL + K$$

となる．この式でwを変数として横軸にとり，α, β, γそれぞれの場合にwとCの関係をグラフにすると，**図4-4**のようになる．

図で賃金率がw_1以下であると，費用Cは零細農機具αを用いた場合が一番少ない．しかし賃金率が上昇してw_1以上になると，中型機械βの方が費用が少なくなり，さらにw_3以上になると大型機械γが最も有利になる．

以上のように，賃金率が低い時には，労働生産性が低くても小さい農機具を用いた方が，費用が少なく有利である．そうした状況では，たとえ50ヘクタールの大農場であっても，高価な大型機械を使うより1ヘクタールの小農場と同じ方式で人手をかけて作業をした方が安くつく．この場合には，農場の規模がどうであっても，小農機具を用い多くの人手をかけて刈取りをするから，1

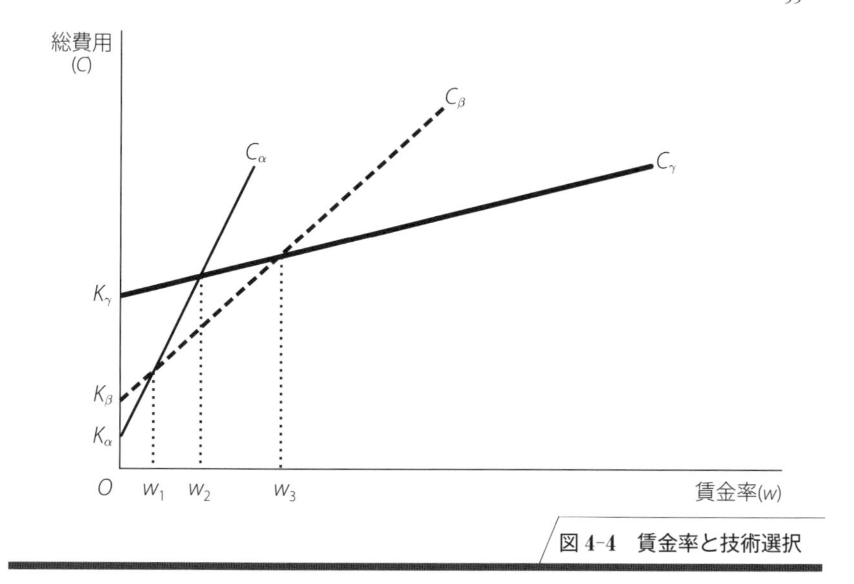

図 **4-4** 賃金率と技術選択

ヘクタール当たりの平均刈取費用には差が生じない．50 ヘクタールの農場は，実際上は 1 ヘクタールの農場を 50 寄せ集めたのと同じことになり，規模の経済性は成立していない．

だが賃金率が高くなると，労働費の方が機械代金よりも重要になってくる．労働生産性の高い大型機械を使用する方が，小農機具で多くの労働を雇うよりも費用が安くなる．このように，労賃と農機具代金との相対関係によって，費用を最小にする刈取り方法が変わることを，労働と機械の代替という．理論上は，賃金率と農機具賃借料の比率に応じて，図 **4-3** の等生産量曲線上の費用最小点が選ばれるのである．

ところで，賃金率が上昇して，大型農機具を用いる方が安くつくようになっても，小さな農場では大型機械を使う訳にはいかないというのが，重要なポイントである．小麦 5 トンしか生産しない 1 ヘクタールの零細農場では，もし 500 万円もする大型トラクターを買い入れたとすれば，たとえ労働生産性は大農場並みになったところで，小麦 1 トン当たりの機械代金が高くつきすぎて引き合わないからである．借りるにしても，大型コンバインを 10 分だけ借りて使うわけにもいかない．それにそもそも，零細な農場で大農場と同じように効率的に大型機械を使うことはできないのである.

賃金率が低い場合には，先に述べたように大農場は小農場を寄せ集めたものと同じになり，したがって小麦１トン当たりの平均費用(総費用÷総生産量)は，農場の規模と無関係に一定となる．このような状態では，たとえコンバインがあっても使われず，規模の経済性は成立しない.

賃金率が高くなると，小農場の平均費用は大農場よりも高くなるので，費用を引き下げるためには農場の規模を拡大するしかない．大農場と同じことを小農場で行うわけにはいかないのである．この状態では，大農場は小農場よりも経済的に有利となり，規模の経済性が市場競争上の重大な要因となっている.

つまり規模の経済性が成立するのは，大農場と同じことを小農場で実行することができないからである．大型のコンバインを10分だけ借りることも難しいし，たとえ借りても零細な圃場ではうまく使えない．それがつまり，M過程の分割不可能性なのである.

一般に，経済成長にともなって賃金率は高くなり，したがって大型機械を用いる大農場の方が平均費用が低く有利となる．賃金率の高い国では，規模の経済性を活用してコストの引き下げをはかることが経営上の重要な課題である.

しかし，農場の規模を大きくするためには，周辺の農地を買うなり借りるなりして土地を広げなければならない．だが実際には，隣接したところに適当な農地がないこともあり，またあったとしても，その所有者に売るか貸す意思がなく土地の取引自体が成立しないこともまれではない．農場の規模拡大には，農地という特殊な商品の取引が必要な点で，工場の規模拡大とは違った難しさがある．これがすなわち**農業の構造問題**である.

第４節　地代と農地価格

農地は農業の最も重要な生産要素である．それなのに，これまでは農産物の生産費の中に農地の費用を含めないで，BC過程については肥料代，M過程については労働費と農機具費だけを問題にしてきた.

農産物生産費の中に農地の費用をどう入れるかについては，いろいろな考え方があるが，ここでは農地の費用を生産費に含めないで，農地を他の生産要素と区別する**土地純収益**と，それにもとづく**地代**の理論を説明しよう．

土地純収益の理論では，農地は農業経営の本体そのものであり，農業経営の成果として生じる利益または損失を引き受ける主体と考えられる．すなわち，農業経営の農地以外の生産要素に対しては，それぞれ，肥料代，農機具代，労働賃金などが支払われるが，農地に対しては費用は支払われず，生産物の販売額から費用の合計を差し引いた残余が，農業経営の成果として農地に帰属するとみるのである．この帰属分が土地純収益である．

これは一般の企業における「純利潤」にあたるものである．一般の企業の理論においても，純利潤とは何であり，それを受け取る(ないしそれが帰属する)企業の本体とは何かということについては，いろいろな学説がある．農業経営の本体を土地とみる土地純収益説も，いくつかの学説のうちの 1 つである．

ただしこのことは，いろいろに異なった学説や理論があって本当のことが何もわかっていないというのではない．異なった学説や理論は，お互いに矛盾し相容れないという訳ではなく，むしろ同じことの説明の仕方の相違であると考えるべきである．

土地純収益説が農地を農業経営の本体であると考えるのには，いくつかの理由がある．第 1 の理由は，肥料代や農機具代は経営の成果とは無関係に定まった額が支払われるのに，農業経営者自身が所有している農地(自作地)に対してはそのような一定額は支払われない．そこで，**自作地**には，販売額から費用を差し引いた残余が帰属すると考えるのである．

第 2 の理由は，肥料や農機具はその時々の経営の必要に応じて買い入れられる「可変要素」であるのに対し，農地はそれを所与のものとして経営が行われる「固定要素」であるということである．

この 2 つの理由のどちらも絶対的なものではないことは，一定の地代を支払うという契約をして借り入れられる**借入農地**があることを考えれば明らかである．しかし一方，多くの農業経営にとって，農地が肥料や農機具よりも固定的な要素であり，また契約にもとづく地代を支払う必要のない自作地が多いことも事実である．

土地純収益の理論に立てば，農地には，農業経営の販売額から農地以外の投入要素に支払われる費用を差し引いた残余が帰属する．すなわち，

土地純収益＝農産物販売額－土地を除く生産要素費用

ということになる．

ところで，ある農場について毎年ほぼ同額の土地純収益(たとえば500万円)が得られたとしよう．もちろん天候による豊作・不作もあり，生産物や投入要素の価格変動もあるから，これはあくまで「平均値」ないし「期待値」である．

その場合，その農場を500万円の地代を支払って借りようとする農業経営者が出てくるのは，ごく自然である．平均的には，500万円の地代を支払っても，肥料代，農機具代，労賃などのすべての費用を賄うだけの販売額を得ることが期待されるからである．

このように考えれば，ある農場の土地純収益は，その農場が賃貸借される場合の正当な**地代**を示すことにもなる．つまり土地純収益の理論は地代の理論にもなるのである．

最後に，農地の価格について説明しておこう．土地純収益の理論から自然に導かれる農地価格の理論は，**収益還元地価**という考え方である．この理論によれば，毎年500万円の土地純収益を生む農場を買うための正当な価格は，毎年500万円の利子を生む「元本」に等しい．つまり，毎年500万円の利子を生む元本を持っている人にとって，それを貸付金として運用して500万円の利子を得ても，農場を買って自ら経営し500万円の土地純収益をあげても，あるいは500万円の地代でその農場を貸し付けても同じことになるというのが，収益還元地価の理論の根拠である．

ところで，利子と元本の間には，

利子＝元本×利子率

という関係がある．収益還元地価の理論では，土地純収益＝利子，地価＝元本と考えるのであるから，これらを上の式に代入すると，

土地純収益＝収益還元地価×利子率

すなわち，

$$\text{収益還元地価} = \frac{\text{土地純収益}}{\text{利子率}}$$

となる．たとえば土地純収益が500万円，利子率が5%なら，収益還元地価は，500万円÷0.05＝1億円である．

　このように毎年の収益を利子率で割って元本を求めることを，一般に「資本還元」という．収益還元地価の理論は，資本還元という一般的な考え方の1つの応用なのである．

課　題

1. 「企業の理論」によると，利益が最大となるのは限界費用＝生産物価格となる点である．**表4-1**の数字から各施肥量の限界費用を求め，これを確かめよ．
2. **図4-3**で，鎌を1丁使っても10丁使っても同じαになる．何故か．
3. 農地の所有者に毎年一定額(円／ヘクタール)の税金が課せられたとする．地代はどうなるか．また農地価格はどうなるか．
4. **図4-2**で説明した問題は，生産関数の制約のもとでの利益最大化問題の1つである．生産関数(肥料反応曲線)を$Y=F(X)$とし，小麦価格，肥料価格，利益をそれぞれP_w, P_f, Rとすると

$$\max\ R = P_w Y - P_f X$$
$$\text{s.t.}\quad Y = F(X)$$

となる．微分のできる人は，A. C. チャン・K. ウエインライト『現代経済学の数学基礎(第4版)』(前掲26頁)を参考にしてこの問題を考察せよ．ただし$F(X)$は微分可能とする．

5. **図4-3**に示した等生産量曲線の方程式を$F(L,K)=\overline{Q}$とし，総費用を$C=wL+K$とする．

$$\min\ C = wL + K$$
$$\text{s.t.}\quad F(L,K) = \overline{Q}$$

を考察し，ラグランジュ乗数を用いて$w=F^L/F^K$を導け．ただしwおよび$\overline{Q}$は所与，$F^L=\partial F(L,K)/\partial L$である．ラグランジュ未定乗数法については，上掲『現代経済学の数学基礎(第4版)』参照．

第5章
農業の経営組織

市場経済の発達した社会では，株式会社などの「営利企業」が経済活動の中心となっている．営利企業は1つの経営組織であり，利益を上げることを目的として，労働力を雇用し，資金を集めてビジネスを営んでいる．

農業でも，市場経済の発展のある時期には，営利企業が中心となってゆく傾向がみられた．ことに19世紀半ば以降のイギリスでは，農場経営者(farmer)が地代を払って土地を借り入れ，賃金を払って労働力を雇い入れて，利潤を求めて農場を経営するというやり方が広く成立した．そのため，イギリスに続いて市場経済が発展しつつあった他の国々でも，やがて農業も他の産業部門と同じく営利企業による経営が中心になるものと予想されていた．

しかし，実際には世界のどの国でも，農業の経営組織は工業と同じ発展の道はたどらなかった．農業では現在でも，**家族農場**(family farm)が中心となっている．日本だけではなく，アメリカやヨーロッパでも，農業経営のかなりの部分は営利企業ではなく家族によって営まれているのである．イギリスにおいてすら，近年は労働力を雇用する経営は減少し，農地を自分で所有し，自分と家族の労働力で経営する**家族自作農場**が多くなっている．

さらにまた，東洋にも西洋にも，農業は家族経営で行われるべきであるという考え方がある．東洋の**農本主義**や，西洋の「誰にも雇われず，誰も雇わず，自分の手で，自分の土地で働く」農民が自由・独立・平等のシンボルであり民主主義社会の基礎であるという思想は，いまでも根強く支持されている．

しかし，家族農場もまた，変わりつつある．賃金率の上昇と農業技術の進歩によって農場の規模が大きくなり，大きな資本が必要となったのがその1つの原因である．それよりも重要なのは，現代における「家族」そのものの変化である．家族農場は1つの生活様式(way of life)であり，家族というこれまでの生活様式そのものの変化が，家族農場の変化をもたらしているのである．

第1節　家族農場の理念

家族農場といっても，国により時代によってさまざまなものがある．「家族が経営する農場」という点は共通していたとしても，経営規模，土地の所有形態，労働力の構成，収益の配分などの面で，経営組織としてみると違っている点も少なくない．また家族農場の実態だけではなく，家族農場とは何かという理念の面でも，いろいろな考え方の違いがある．

家族農場と深く関係している1つの理念は，**小農**である．小農とは，「家族の手で耕すことのできる以上に大きくはなく，家族の生活を維持できないほど小さくはない」農業経営のことである．このような農場は世界のいたるところに存在しており，その数は減少しつつあるけれども，市場経済をもつ多くの国の農業で中心的な位置を占めている．経済学的にいうと，この小農という理念では，家族だけで仕事をして，人を雇わないという労働の面に重点がおかれている．

家族農場と関係したもう1つの重要な理念は，**自作農**である．小農がどちらかというと労働力に着目した理念であって，賃金を支払って労働者を雇うことはせず家族だけで働くというところに重点があるのに対して，自作農は土地に着目した理念であり，地代を支払って借り入れた土地ではなく自己の所有地で農業を営むというところに重点がある．

家族以外の雇用労働力を用いるかどうかを基準とする小農の理念は，農業だけではなくどんな分野の家族経営にも共通するが，土地の所有形態を基準とする自作農は，農業経営だけの特殊な理念である．

小農と自作農という2つの理念を合わせて，**自作小農**ということもある．これは，人を雇わず，自分の所有地を，自分と家族だけで経営しているという意味になる．家族農場を1つの理想の生活様式であるという場合には，このように2つの理念を合わせた自作小農を考えていることが多い．

これらの理念とならんで，日本では**農家**という言葉がある．農家とはもちろん，農業を営む**家**(**イエ**)であるが，このイエは必ずしも家族と同じではない．イエには家族が住んでいるけれども，その家族は夫婦と子供という「核家族」

ではなく，親から子へ，子から孫へと継承され，同じイエに住み続ける家族である．

農家の理念の中には，小農の家族労働力というよりも広い範囲の人々が含まれている．それは多くは血のつながった広い意味での「親族」であるけれども，時には親族以外に同じ村(ムラ)に住んでいるムラビトまで含むこともないとはいえない．伝統的な日本の水田農業では，農家はそのイエのあるムラの人々と協力しながら農業を営んできたのであり，その実態は現在でも失われてしまってはいない．

農家は必ずしも自作農ではない．農地改革以前には，多くの小作農家(地主から農地を借りている農家)があった．しかし，土地所有の面での農家の理念の特質は，農家の土地が個人にではなくイエに所属する**家産**であるという考え方にある．

もちろん現在の日本の所有制度では，農地もまたすべて個人または法人の所有となっているが，イエの土地という理念そのものが全くなくなったとはいえない．その理念は，農業がイエの仕事(**家業**)であるという理念と結びついて残っていて，それゆえ農家の土地の所有権は「農家の後継ぎ」に引き継がれるという実態も多く残っているのである．

小農，自作農という理念が広く世界に共通するように，農家という理念も日本だけのものではない．これらの理念は，すべて家族と土地所有という２つの要素が結びついて生まれたものであり，土地集約型産業としての農業の経営組織は，どこの国においても共通する面を多く持っている．

家族農場の理念に関係するもう１つの重要な点は，それが利潤を追求するものではなく，家族の生活の維持を目的とするということである．利潤の追求には限度がないから，営利企業のビジネスはどこまでも拡大する可能性があるが，家族の生活の維持を目的とする家族農場の規模には，おのずから一定の限度がある．その点でも，家族農場は生産し販売するというビジネスの面もあるが，根本は１つの way of life なのである．

家族農場に関係するこれらの実態と理念とは，現在大きな変化に直面している．それは根本的には，家族という生活様式の基本が変化しつつあるからであり，それが将来どのような方向にどこまで進んでいくのかはまだ見通せない．

しかし現在のところ，農業の経営組織の中心は，依然として家族農場である．

第2節　家族農場の実態

ここでは，家族農場のさまざまな相違にはこだわらず，市場経済の発達した国々の農業において家族農場がどのような割合を占めているかを調べてみよう．

表5-1は，世界で最も農場規模が大きい国の1つであるアメリカについて，農業全体に占める家族農場の割合を示したものである．アメリカでは，永年草地などを除く耕地面積でいうと1農場当たり平均100ヘクタールを超えている(**表5-4**)．そのアメリカであっても，農場の大部分は家族農場である．最大規模の農場は法人組織の営利企業であることが多いから，家族農場の戸数割合の高さに比べると，農地面積や売上高において家族農場が占める割合はやや低くなるのだが，それでもなお，アメリカの家族農場は農地面積でも農産物売上高でも全体の約90% も占めているのである．

ただし，アメリカの統計では「家族農場」の概念が日本と違うところもあって，規模が大きくてビジネスの要素が強い家族経営も中にはある．しかしアメリカのような大規模農業の国ですら，家族を主体として経営されている農場がこれだけ高い割合を維持しているという事実は，むしろ驚くべきことであり，農業の経営組織としての家族農場の強さを示すものである．

日本の農場の平均耕地面積は，わずかに2.9ヘクタールほどである．この世界でもきわめて小規模な農業の経営組織が圧倒的に家族農場(ないし農家)であることは，いうまでもない．現在の日本の農業統計では，農業経営の主体を**農業経営体**と呼び，それを「経営耕地30アール以上または農作業受託を行う者」と定義しているが，その総数は2015年で約138万，そのうち約98% は家族経営，つまり農家なのである．

そこで**表5-2**では，逆に農家以外の経営体が占める割合を示した．経営体の数では，農家ではない**組織経営体**の割合は，2015年現在でわずかに2.4% にしかならない．日本では現在でも，農業はほとんど農家によって営まれているといっても過言ではない．

しかしながら，経営体の数以外の欄をみると，ごく弱いながらも経営組織体

表 5-1　家族農場の割合(アメリカ，2017 年)

(単位：%)

規模階層(年間粗収入)		戸数	農地面積	売上高
家族農場		97.8	93.5	87.4
	小規模(35 万ドル未満)	88.8	51.9	25.8
	中規模(100 万ドル未満)	6.3	23.2	22.6
	大規模(100 万ドル以上)	2.8	18.4	39.0
そ の 他		2.2	6.5	12.6
合　　計		100.0	100.0	100.0

出所) USDA, *America's Diverse Family Farms: 2018 Edition.*
注) USDA の「家族農場」の定義は農業経営の主要部分が家族で担われていることであり，雇用の有無等は問わない.

表 5-2　組織経営体(家族経営以外の農業事業体)の割合(日本)

(単位：%)

	2000 年	2005 年	2010 年	2015 年
経営体数	0.4	1.4	1.8	2.4
経営耕地面積	5.9	6.6	12.0	15.5
豚飼養頭数	17.2	55.2	64.8	73.6
採卵鶏飼養羽数	60.4	71.9	79.9	87.5

出所) 農林水産省「農林業センサス」.
注) 分母は「販売農家(家族経営)＋組織経営体」.

が台頭してきていることも否定できない．耕地面積に占める割合では，2000 年の 5.9% から 2015 年の 15.5% へと，徐々に増加しているからである．

一方耕地をほとんど必要としない養豚や養鶏の部門では，もはや農家は主要な経営組織ではない．採卵鶏の飼養羽数でみると，2015 年には 87.5% が組織経営体に占められている．これまで繰り返し述べたように，農業において家族農場の割合が高い最大の要因は農地問題にあるのだから，これはむしろ当然のことである．

次にイギリスのデータをみてみよう．**図 5-1** は，1851 年以降のイギリスの農業労働力構成を示したものである．先に述べたように，イギリスでは 19 世紀の市場経済の発展にともなって，農場経営者が労働者を雇って経営するという営利企業の農場が支配的となった．そのことは，1851 年の**農業労働力**の

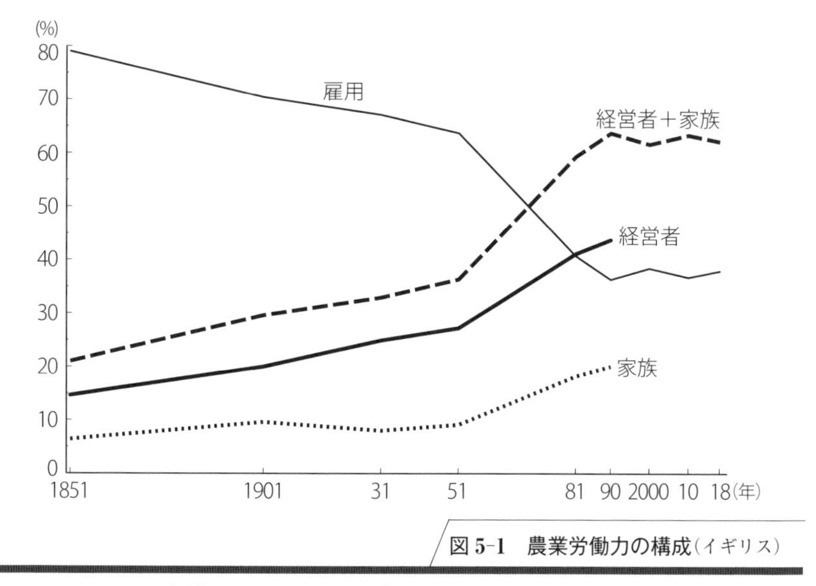

図 5-1　農業労働力の構成（イギリス）

出所）B. R. ミッチェル編『イギリス歴史統計』(前掲 12 頁).
1981 年以降は DEFRA, *Agriculture in the United Kingdom* より計算.

80% 近くが雇用者つまり賃金労働者であったというデータによく表れている.

市場経済の発展にともなって，農業でも営利企業が経営組織の中心となるに違いない——イギリスの歴史から多くの人がそう考えるようになったのは当然である．小農，自作農，農家といった特質をもつ家族経営はやがて没落し，経営者である farmer と，賃金を受け取って雇用される農業労働者とに分かれてゆくはずだという**農民層分解論**が，かつては日本でも多くの人に支持された.

しかし実際には，営利企業がイギリスの農業経営組織の中心となったのは，20 世紀の初頭までであった．ことに第二次世界大戦の後は，農業労働力に占める雇用者の割合は急速に低下し，2018 年現在では約 60% が農場経営者とその家族に占められている.

農業における**家族労働力**の重要さは，農業以外の産業部門と比較するとなおはっきりする．**表 5-3** は農業の労働力に占める家族の割合を国際比較したものである．どの国についても，農業は主として家族によって営まれていることがわかる.

表 5-3　従業上の地位別労働力構成(概数)

(単位：%)

	日　本 (2018 年)		アメリカ (2016 年)	イギリス (2018 年)	E　U (2013 年)
	全産業	農林業	農林業	農　業	農　業
家　族	11	72	59	62	90
雇　用	89	28	41	38	10
合　計	100	100	100	100	100

出所）アメリカ：USDA, ERS database. イギリス：DEFRA, *Survey/Census of Agriculture*. EU：Eurostat. 日本：総務省統計局「労働力調査」.
注）家族労働力は自営業主とその家族従業者. 雇用労働力には原則として臨時の契約労働やアルバイトも含む.

家族労働力には，自営業主(農業経営者)と，その配偶者や子供などの家族従業者とがある．**図 5-2** は日本について，農業労働力の従業上の地位別構成の変化を示したものである．日本では昔から家族労働力の割合がきわめて高いけれども，家族従業者の割合は年々低下し，労働力構成に変化が起きていることがわかる．

これについてはいくつかの要因があるけれども，その 1 つは，これまでも述べてきた家族の変化と深く関係している．農業は家族によって営まれているといっても，現在ではその「家族」の多くは核家族であり，したがって未成年の子供を除けば夫婦と実質上同じことにもなる．日本ではイエの理念がまだなくなってはいないと先に述べたが，**図 5-2** に明らかなように，農業労働力に占める家族の割合は日本でも低下し続けているのである．

以上のデータが示すように，農業の経営組織は他の産業に比べて，家族農場の割合が非常に高いのが大きな特色である．それにはいろいろの理由が考えられるが，最大の要因は農場規模を拡大するための土地取引の難しさであろう．

表 5-4 は，いくつかの国について 1 経営当たりの平均耕地面積を示したものである．この表によると，日本では 1 経営が 2.9 ヘクタール，韓国ではわずかに 1.6 ヘクタールを耕作しているのに対し，オーストラリアでは約 360 ヘクタールもの農地を耕作している．

実際には日本でも，1 人ないし夫婦 2 人の労働力で 20 ヘクタールないし 30 ヘクタールの水田で稲作を行うことは技術的には可能であり，現にそのような

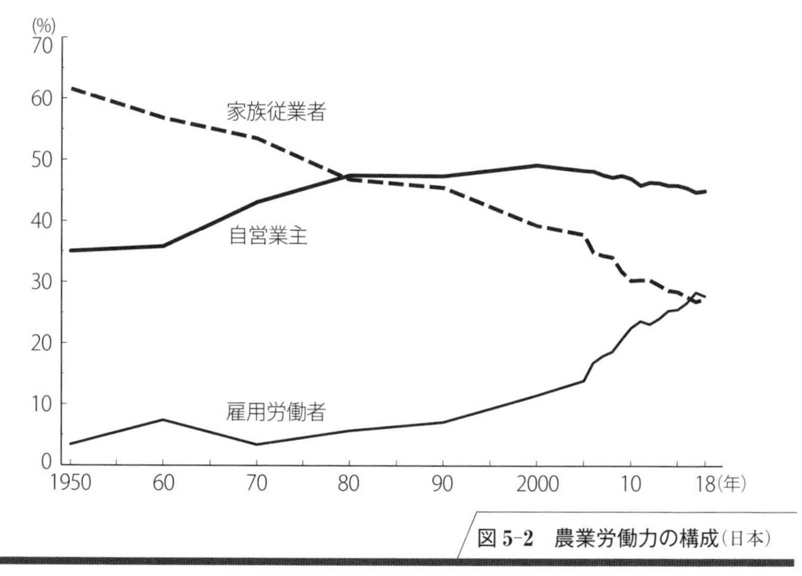

図 5-2　農業労働力の構成(日本)

出所）総務省統計局「労働力調査」.

規模の経営も，数は少ないが存在する．しかし，もし一般の企業のように多数の労働者を雇用して営利企業として農業経営を行おうとすれば，日本でも数十ヘクタールの農地をまとめて買うか借りるかしなければならない．

これが非常に困難な取引(売買ないし貸借)であることは，土地という財の特殊性を考えれば誰にでも理解されるだろう．土地は動かすことも作り出すこともできない「不動産」であるうえ，耐久年数が無限大の「資産」である．それを取引を通じてまとめて入手し，大規模農場を作り出すというのは，新しく工場や商店を建てるのとは全く違った面倒なプロセスである．

農業技術の発達，ことにM技術(第4章)の進歩によって，1人の労働者が受け持つことのできる農地面積は時とともに大きくなってゆく．もし農場の規模拡大の速度がM技術の進歩の速度よりも遅ければ，1農場当たりに必要な労働者数は減少する．雇用労働力はいらなくなり，家族だけで十分経営することが可能となる．

農業の経営組織として家族農場が支配的であるのは，このほかにもいくつかの要因があるにしても，農地取引を通じた規模拡大が難しく，M技術の進歩

表 5-4　農場の規模(2017 年)

	総耕地面積(万 ha)	1 経営当たり耕地面積(ha/戸，(　)は指数)
日　本	444	2.9(　1.0)
韓　国	162	1.6(　0.5)
イギリス(2016年)	607	53.3(18.6)
アメリカ	16,043	108.7(37.9)
オーストラリア	3,107	362.7(126.4)

出所）日本：農林水産省「農業構造動態調査」(販売農家)，韓国：Korean Statistical Information Service, *Agriculture, Forestry and Fishery Survey*，イギリス：DEFRA, *Farm Structure Survey 2016*，アメリカ：USDA/NASS, *Census of Agriculture*，オーストラリア：Australian Bureau of Statistics, *Agricultural Census*.
注）「耕地面積」は採草放牧地を除く.「1 経営当たり面積」は耕地のない経営を含む概数.「指数」は日本の水準を 1 とする倍率.

による労働生産性の向上(1 ヘクタール当たり必要労働時間の減少)の速度に追いつかないことが最大の要因である.

第 3 節　農地の所有と貸借

農業の経営組織については，その農地が所有地(自作地)であるか借地であるかの区別も重要である．とりわけそれが借地の場合，借り手である**借地農場経営者**(tenant farmer)と，土地所有者である**地主**(landlord)との関係は，国により時代によって異なっていて，時にはそれが重大な社会問題となることもある.

市場経済の発展が不充分な開発途上国の農業的世界では，地主が大土地所有者であり，借り手が零細な**過小農**であるという事態が多くみられる．過小農とは，家族を養うに足るという「小農」の条件すら充たさない貧しい農民という意味である.

少数の大地主と貧困な多数の過小農とでなりたっている農業的世界では，地主と借地農の関係は，地代という価格を媒介とする正常な市場取引の結果とはみなせない．農地の貸借は市場経済ないし価格メカニズムとは異なるさまざまな前近代的要因に依存しており，民主主義社会の成立と市場経済の発展の妨げとなっている.

問題の 1 つは，地代が高すぎるということである．第 4 章では「地代は土地純収益である」と説明した．つまり，地代は農産物の販売額から土地以外の生産要素に代価を支払った残余であるという理論である．

この理論を基準にすると，地代が高すぎるというのは，土地以外の生産要素に充分な費用が支払われていないという意味になる．実際上は，農産物の販売額から高すぎる地代が先取りされてしまうため，借地農民が自分と家族の労働の代価を充分に受け取ることができないということである．高すぎる地代とは，低すぎる農民所得の反面であるといってよい．

大地主と過小農の関係のもう1つの問題点は，土地の貸借がしばしば身分的な支配・従属関係と結びついていることである．大地主は経済的にも社会的にも強い力を持ち，その土地の借り手である農民を支配している．一方で農民の立場は弱く，その**借地権**は社会的に保障されていない．そのうえ貧しい農民は生活費に困ってしばしば地主から借金をするが，その金利も地代と同じく高すぎる，いわゆる「高利」であることが多い．

このような地主と過小農の作る社会は，民主主義社会ではあり得ない．そして安定した民主主義社会の成立なしには，市場経済の発展は不可能である．

20世紀前半の日本において，ここに述べたような地主と過小農の対立が重要な社会問題であったことは，よく知られているとおりである．零細な農地の借り手は**小作農**(小作人)と呼ばれ，地主は小作農の労働に寄生する**寄生地主**と呼ばれた．

小作料(地代)をめぐって，しばしば貧しい小作人と地主の間に**小作争議**が起こり，政府は農村社会を安定させるために「小作立法」などの手段を通じて地主・小作関係に介入したが，第二次世界大戦が終わるまで，その対立は解決されなかった．

日本の地主・小作問題を最終的に解決したのは，戦後のアメリカを主とする連合軍占領下において行われた**農地改革**(land reform)である．この農地改革は非常に徹底したものであり，**表5-5**に明らかなとおり，借地(小作地)の全農地に占める割合は，農地改革以前の46%からわずか10%にまで低下した．

日本の農地改革は，地主制を廃止して農地の所有権を地主から借り手である小作農に移し，小作農を自作農にすることを目標として行われた．そのためにとられた手段は，小作地をいったん政府が買い上げてのち小作人に売り渡すと

表 5-5　耕地に占める借地割合

（単位：%）

年次	日　本	イギリス
1914	—	89.1
1920	46.3	—
1945	45.9	—
1950	10.1	62.0
1960	6.7	50.8
1970	5.8	—
1980	5.2	—
1990	9.6	—
2000	16.6	34.4
2005	20.0	34.5
2010	23.8	—
2015	26.9	—

出所）日本：1950年までは農政調査委員会編『改訂日本農業基礎統計』（農林統計協会，1977年），60年以降は農林水産省「農林業センサス」．イギリス：図5-1に同じ．

注）日本は1980年までは総農家，90年以降は販売農家の耕地面積に占める割合．イギリスはイングランド・ウェールズとイングランドのみのデータが混在し不連続である．

表 5-6　農地の所有形態別の農家戸数割合（日本）

（単位：%）

年　次	自　作	自小作	小　作	計
1920	30.6	40.9	28.4	100.0
1935	30.3	42.3	27.3	100.0
1955	69.5	26.4	4.0	100.0

出所）1920，35年は農政調査委員会編『改訂日本農業基礎統計』（前掲），55年は農林水産省「農林業センサス」．

いう方式であったが，敗戦後の激しいインフレーションのため，実質的には地主の土地の無償没収に近いものとなった．

農地改革によって日本の地主・小作問題が最終的に解決したことは，**表 5-6** にも示されているとおりである．農地改革の結果，全農家の30％近くを占めていた小作農は土地の所有権を与えられ，ほとんどすべて自作農ないし農地の一部（半分以下）だけを借りている自小作農になった．農地改革の成果を確立した**農地法**(1952年)の第1条には,「農地はその耕作者みずからが所有することを最も適当であると認め」るという**自作農主義**の理念が明記された.

日本の農地改革は,小作地の自作地化という方法によって,地主・小作の不平等な経済的・社会的上下関係を消滅させた.農地改革は日本の農村社会の民主化をもたらし,1955年以降の市場経済の急速な発展の基礎となった.

以上,日本の地主・小作問題と農地改革について簡単に述べたが,世界にはまだ数多く,民主主義と市場経済の発達の障害となる土地所有制度が残っている.なんらかの形での農地改革なしには,それらの国の経済成長は困難である.

ところで,農地の所有形態としては,自作が常に最善という訳ではない.発達した市場経済のもとで,地代が他の生産要素の価格と同じように需要と供給を均衡させる正常な水準に決まるのであれば,借地農業が自作農に劣るとはいえないのである.

19世紀から20世紀前半にかけてのイギリスの農業が,発達した市場経済のもとでの農業経営の典型的な形態であると考えられていたことは,先にも少しふれたとおりである.それは土地所有者(landlord),農業経営者(farmer),農業労働者(farm worker)の三者からなり,それぞれが地代,利潤(経営報酬),賃金という**機能的所得分配**(functional income distribution)を受けとるという経営形態であり,市場経済の発達にともなってどこの国の農業もそのようになるものとかつては予想されていたのである.

しかし現代の市場経済先進国においても,そのような経営形態が支配的であるとは必ずしもいえないのが実情である.ここには,農業経済の大きな特色が表れている.

イギリスにおいてさえ,農業労働力が雇用労働から家族労働中心に変わってくるのと並行して,農地は借地から自作地主体へと変わってきた.先の**表5-5**をみると,イギリスでは20世紀の初めには農地のほとんど90%までが借地であったが,借地の比率は1960年にはほぼ50%となり,近年ではさらに低下して35%ほどになっている.

イギリスの場合,地主と借地農との関係は,日本における農地改革までの地主・小作関係とは違って,市場経済の障害となる前近代的要素を強く持っていたという訳ではない.イギリスの借地農は決して過小農などではなく,農業労働者を雇用して営利企業として農場を経営する経営主であった．また地代は市場メカニズムによって決まる均衡価格の一種であった．

イギリスにおける借地の減少，自作地の増加には，いくつかの要因がある．1つは，第二次世界大戦後，地主に対して借地農の立場を強めるために，借地権を強化する立法が行われたことである．特に1976年の農業法では，子孫3代にまで及ぶ強い借地権が設定され，地主の力が弱められた．

他の1つの原因は，地主にとって不利，自作農や借地農にとって有利な相続税その他の租税制度である．高い相続税を支払うために，農地を売却する地主が増加した．この場合，売却時にその農地を借りている借地農に売られることが多く，結果として借地の自作地化が進んだのである．

このように，イギリスにおける自作地増加の要因も，日本の農地改革とは異なるとはいえ，地主と借地農との間の一種の社会的不平等を是正する政策と無関係ではない．

しかし一方で，自作地の増加は，農業構造の固定化という1つの問題を引き起こした．家族農場，ことに自作農場の最大の問題点は，その硬直性である．どこの国でも農業は世襲的な面が非常に強い仕事であるので，多くの農場が親から子へ相続によって引き継がれ，農地の取引(貸借)市場が効率的な資源配分という機能を果たせなくなってしまうのである．外部からの新規参入がむずかしく，技術進歩やその他の新しい状況に対応して農業のやり方を変えていくことが困難なのが，家族農場の弱点である．

第4節　家族農場の労働配分

家族農場が，単に農業経営組織の1つの形態ではなく，都市的世界の生活様式(urban way of life)に対する農業的世界の生活様式(rural way of life)であると考えられ，人間の生活の望ましいあり方の1つであるとされることには，いくつかの側面がある．

その1つは，家族がお互いに助け合い協力して労働し，一緒に生活するということである．都市的世界では，夫と妻，親と子は，それぞれ別の営利企業に雇用され，1日の生活の多くの部分を別々に過ごすのが一般的だが，家族農場

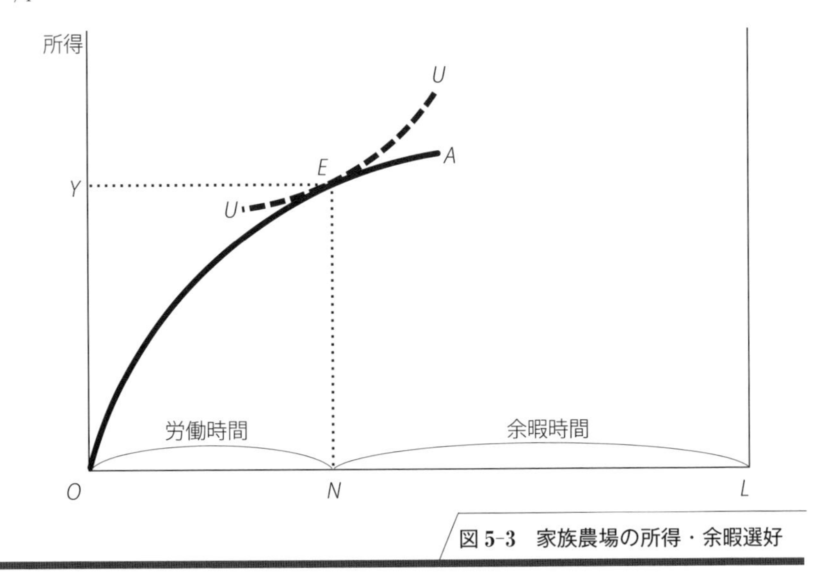

図 5-3　家族農場の所得・余暇選好

では，家族が労働の面でも消費の面でも多くの時間を共にしている．そこには非常に強い意味での「家族生活(family life)」がある．

もう 1 つの面は，生活の内容を自分で自由に決められるということである．ミクロ経済学に**所得・余暇選好**(income-leisure preference)という理論があり，人々は所得の限界効用と余暇の限界効用(ないし労働の限界不効用)が均衡するように労働時間を決定するというモデルが示されているが，実際には都市の雇用労働者には，自分で好きなように労働時間を決める自由はほとんどない．決められた時刻に出勤し，決められた時間まで労働するのが，通常の雇用労働者の生活である．

家族農業経営では，少なくとも制度上はそうした制約はない．**図 5-3** に示すように，所得と余暇の効用の無差別曲線 UU と農業労働の所得曲線 OA の接点 E において効用が最大となるように，労働時間と余暇時間を自ら決めることができる．

効用の無差別曲線 UU は，それぞれの家族に固有の選好を示すものであり，高い所得を求める家族は長い時間農場で働き，のんびりした余暇を好む家族は労働時間を短くして少ない所得でつつましく暮らす．そこには，西洋にも東洋

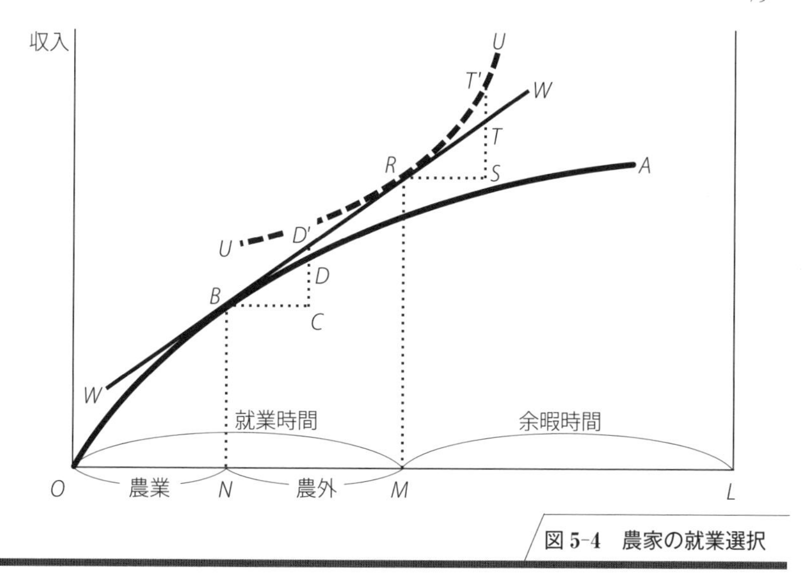

図 5-4　農家の就業選択

にもあり，また古い昔にも 21 世紀の現代にもある「束縛されない自由な生活」という理想がみられる．

ところで**図 5-3** の所得 Y は，家族の農業労働に対する報酬(**家族労働賃金**)と，家族農場の所有地に対する報酬(**自作地地代**)の両方を含んでいる．家族経営では地代と賃金とを分けることができないので，これを一緒にして**混合所得**(mixed income)と呼んでいる．

図 5-3 の OA は，一定の農場を前提として，農業労働という投入と，農業所得という産出との関係を表しているから，生産関数の一種でもある．それが右上がりでしだいに勾配が小さくなっているのは，**図 4-1** で肥料使用量と収量について説明したのと同じような，収穫逓減の法則を示している．農場の面積が一定であるとすれば，いくら働いても収穫量には限度があり，労働についても収穫逓減の法則がなりたつのである．

このように，自分の農場で働くときの収入が逓減すると，ある点から先では自家農業労働の収入よりも他の企業に雇われて得る賃金率の方が高くなる．そうなると，自家農業に従事する時間と，農場以外で働いて賃金所得を受け取る時間とに，総労働時間を分割した方が有利になる．

表 5-7　専業・兼業別農業経営体数の割合

（単位：%）

	2000 年	2010 年	2018 年
専　業	18	28	32
兼　業	82	72	68
合　計	100	100	100

出所）農林水産省「農業構造動態調査」.

図 5-4 は，そうした労働時間の分割を示している．WW は賃金率の勾配を示す直線であり，点 B より先では自家農業で働くよりも農場外で雇われた方がよい．点 B から BC だけ労働するとして，自家農業ならば OA 上で CD だけの収入を得られるが，農場外に雇われれば BW 上で CD' の賃金が得られるからである．

ここで収入と余暇の無差別曲線が UU のような位置にあるとすれば，効用最大の均衡点は R である．もし R から先へ，たとえば S まで労働時間を増やすと，賃金所得 ST が得られるけれども，余暇の効用（ないし労働の限界不効用）ST' の方が大きく，効用は差し引かれ減少する．したがって，均衡点 R において，所得は MR，就業時間は OM，余暇時間は ML となる．

図 5-4 では，総労働時間 OM のうち ON が自家農業労働，NM が農外での雇用労働である．また総所得 MR のうち NB は自家農業所得，その残りは賃金所得である．

現在では多くの国で農業技術が進歩し，**図 5-3** のように自家農業だけに従事する**専業農業者**（full-time farmer）よりも，**図 5-4** のように農業以外でも働く**兼業農業者**（part-time farmer）が多くなっている．それは先に第 4 章で説明した賃金率の上昇と農業技術，ことに M 技術の進歩による労働生産性の向上に，農場規模の拡大が追いつかないという農業構造問題の表れでもある．

表 5-7 は日本についてそれを示している．政策的な農場規模拡大への努力に応じて専業経営は増えつつあるが，兼業経営の割合の圧倒的高さは現在も変わらない．日本ではそもそも多くの農場で，自家農業だけで充分な所得を得るには規模が小さすぎるのである．

課　題

1. 家族農場の生活と会社勤務の生活について，自分の好みにもとづき比較せよ．
2. 71頁に「インフレーションのため，実質的には地主の土地の無償没収に近いものとなった」と書いてあるが，それはどういう意味か考えよ．また農地改革について何か知っているかどうか，昭和10年以前に生まれた身内の人に尋ねてみよ．
3. 家族農場については，R.M.ガッソン・A.J.エリングトン／V.L.カーペンター他監訳／家族農業研究会抄訳『ファーム・ファミリー・ビジネス——家族農業の過去・現在・未来』(筑波書房，2000年)を参照．
4. 農本主義などの農業思想については，原洋之介『「農」をどう捉えるか——市場原理主義と農業経済原論』(書籍工房早山，2006年)参照．なお，興味のある人は，神谷慶治講述／佐々木豊編『現代農業本論』(東京農業大学社会通信教育部，1978年)を読んでみよ．

第6章

農産物の市場組織

市場の理論の基本モデルである**完全競争市場**では，独占的な売り手や買い手がいなくて，多数の小さな売り手と買い手が競争して，需給一致点で必然的に価格が決まるものとされている．しかし工業製品の場合，自動車やコンピュータなど，強い市場支配力を持った少数の大企業が中心になっている**寡占市場**が少なくない．

それに対して農業では，非常に多数の小さな売り手がいるだけで，独占的な大農場などはない．日本で米を生産して売っている農家は現在でも約90万戸近くあるし，牛乳を生産している農家も，みかんを売る農家も，それぞれ数万戸はある．多数の小さな売り手しかいないという点では，農産物の市場は「完全競争」の条件を充たしている．

しかし実際には，農産物の市場も，工業製品の市場とは違った意味で，必ずしも完全競争市場だとはいえないのである．農産物の市場には，完全競争の理論でいう多数の小さな売り手の間の「原子的競争(atomisitic competition)」を制限している2つの要因がある．

その1つは，**農業協同組合**による**共同販売**ないし**共同出荷**である．小さな農業生産者は，売り手としての力を強めるために生産物を集めて共同で販売する協同組合を作っている．

もう1つは，政府の**農産物価格政策**である．完全競争の理論で考えられているような安定した「静学的均衡」の世界とは違って，現実の農産物の市場は先に述べたように豊作も凶作もあり，常に変動している．そこでは多数の生産者が競争しているが，「見えざる手」がうまく働いて売り手にも買い手にも不満のない望ましい結果が実現するとは限らないのである．そのために，多くの国の農産物の市場は，なんらかの形で政府の「見える手」でコントロールされている．

第1節　農業の市場交渉力と交易条件

穀物や野菜・果物など，農産物の市場の供給面の第1の特色は，売り手(生産者)の数が非常に多く，独占的な大生産者がいないということである．これは，農産物の売り手が，第5章で述べたようにほとんど家族経営だからである．

表6-1は，日本における農業の売り手の数と平均的な売上高(生産額)とを，他の生産部門と比較したものである．ここでは農業以外の売り手の数を「事業所」で数えているが，1つの企業がいくつもの事業所(工場や店舗)を所有しているのが普通だから，企業数にすればもっと少なくなる．一方で農業の売り手はほとんどが「農家」だが，有限会社などの法人も少しは含まれている．

表6-1でみると，2017年に農産物の売り手の数は約126万だが，製造業の事業所数は約7万5000とはるかに少ない．農業生産額がGDPの1% ぐらいにしかならないことを考えれば，農業の売り手がどんなに零細で多数であるかがよくわかる．まさしく原子(atom)のようである．

農産物以外で売り手の数が特に多いのは商業部門で，卸売と小売とを合わせた事業所(店舗)数は約22万である．もっとも商業は生産部門ではなく流通部門だから，市場の組織や機能も区別して考える必要がある．

農業と同様に生産部門である製造業(工業)部門は，企業数ではわずか1万3000ほどである．製造業はGDPの20% ほどを占めているのだから，農業と比較して製造業の売り手の数がいかに少なく，かつ個々の売り手の規模がいかに大きいかがよくわかる．**表6-1**には1事業所当たりの従業者数や売上高も示しているが，農業の従業者が1事業所当たり平均1人か2人で年間740万円ほどの売上高であるのに対して，製造業では1事業所当たり70人で農業の50倍，売上高は約38億円で農業の500倍にもなっている．

農産物市場の供給側の特色として，すでに述べたように，単に売り手の数が多く規模が小さいというだけではなく，**市場支配力**のある大供給者がいないということが重要である．農業と違って工業部門には，1社ないし数社で市場を支配できるような大企業が存在していることが多い．

市場の組織を研究する**産業組織論**の分野では，品目ごとに，上位数社の出荷

表 6-1　産業別事業所数(2017年)

	事業所数(千)	1事業所当たり		GDPに占める割合(%)
		従業者数(人)	売上高(百万円)	
農　業	1,258	1.4	7.4	1.0
製 造 業	75	70	3,765	21.0
卸・小売業	219	22	1,429	13.7

出所）農業：農林水産省「農業構造動態調査」(農業経営体). その他産業：経済産業省「企業活動基本調査」.
注）従業者数は, 農業は農業就業人口, その他産業は常時従業者数.

表 6-2　農業関連工業の出荷集中度(2014年)

(単位：%)

品　目	上位3社(CR3)	上位10社(CR10)
精 製 糖	61	100
小 麦 粉	71	90
食用植物油脂	61	96
農業用トラクタ	86	100

出所）公正取引委員会「生産・出荷集中度調査」.

額の累計がその商品の総出荷額に占める割合を1つの指標として用いている. これを**集中度**(Concentration Ratio：CR)といい, たとえば上位3社の集中度をCR3, 上位5社の集中度をCR5などと書く. いうまでもなく, 集中度が高いほど, その商品の市場では大企業の力が強くなる.

表 6-2は, 農業と関係の深いいくつかの工業部門について集中度を示したものである. 加工食品や農機具などでは上位10社の**市場占有率**(market share)がほぼ100%というものもある. こうした商品の市場の組織や機能が, 農産物の市場と大きく異なっているのは当然である.

表 6-2で精製糖や小麦粉などの工場では, 農産物を買ってそれを原料として使っている. 反対に, トラクタなどの農機具産業は, 作った製品を農業に売っている. このように, 農業部門と直接関連している産業の全体を, **アグリビジネス**(agribusiness)と呼んでいる.

アグリビジネスには, 上の説明からもわかるように, 農業に製品を売る**農業生産資材産業**と, 農産物を買って原料にする**食品産業**とがある. そこでの商品売買の流れを川の流れのようにみたてて，農業生産資材産業を**川上産業**(upstream industry)，食品産業を**川下産業**(downstream industry)と呼ぶこともある．農業とアグリビジネスの関係は，最近ますます重要になってきている．

さて，農業が売り手としても買い手としても零細多数の経営からなりたっているのに対して，農業の川上にある農業生産資材産業も，川下にある食品産業も，少数の大きな企業がかなりの部分を占めていることが多い．零細多数の売り手(または買い手)と大規模少数の買い手(または売り手)とが取引することになれば，どうしても零細多数の方が立場が弱くなるのは当然である．

市場での取引におけるこのような力の違いを**市場交渉力**(bargaining power)の差という．市場交渉力の弱い農業では，大企業から肥料や農機具を買うときには不当に高い価格を支払わされたり，逆に生産物を売るときには不当に安く買いたたかれる可能性がある．これが農業と他産業の**交易条件**(terms of trade)の問題である．

交易条件の問題は難しい．「不当に高い」とか「不当に安い」とかいう場合，何を基準にとるかが簡単には決められないからである．しかしごく常識的に考えて，零細多数の経営からなりたっている農業は市場交渉力が弱く，交易条件が不利になりやすいとみるのが自然である．

図 6-1 では，1960 年から 2018 年までの日本のデータで，農産物販売価格(農家の手取り価格．農家庭先価格ともいう)指数と，農家が購入する肥料や農機具などの農業生産資材価格指数とを示したものである．図でみると，1980 年頃までは生産資材価格指数の急速な上昇とともに販売価格指数の上昇率も高かったが，80–95 年の間はほぼ横ばいで，その後は販売価格指数が低下に転じている．

農産物販売価格指数を農業生産資材価格指数で割ったものが，農業の交易条件指数である．**図 6-1** は，1960 年から 70 年代まで農業の交易条件は明らかに農業にとって有利な方向に動いていたが，70–95 年の間は浮沈を繰り返し，95 年以降は農業に不利に動いてきたことを示している．しかし交易条件の変化には，市場交渉力の他にも多くの要因が関係しているので，その変化をどう理解するかはなかなか難しく，ここではこれ以上の説明は省略する．

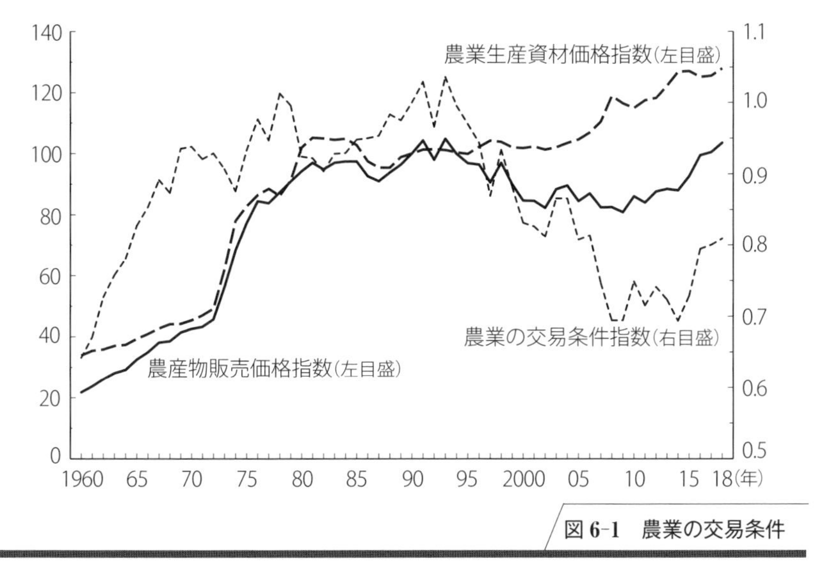

図 6-1　農業の交易条件

出所）農林水産省「農業物価統計」.
注）交易条件指数＝農産物販売価格指数／農業生産資材価格指数.
価格指数はいずれも 1990 年値を 100 とする指数.

第2節　農業協同組合

農業協同組合(agricultural cooperative または farmers' cooperative)にもいろいろなタイプがあるが，最も多いのは**共同販売(共販)組合**である．これは農産物の販売(出荷)に際して，生産者が集まって1つの販売組合を作り，出荷量を大きくすることによって市場交渉力の弱さをカバーしようという目的の協同組合である．**共同購入組合**も同じような組織であるが，これは肥料や飼料などの購入に際して市場交渉力を高めることを目的としている．共同購入組合の数は共販組合よりも少ないが，いうまでもなく，共同販売と共同購入を兼ねている農業協同組合もある．

農業協同組合は，共同販売・共同購入という市場交渉力の強化を目的とする事業以外にも，協同組合の組合員の経済と生活の向上を目的とするさまざまなビジネスや，さらに組合員の範囲にとどまらないで農村地域の住民生活全般にかかわるさまざまな活動を行っていることもある.

農業協同組合はまた，**生活協同組合**なども含む広い意味の協同組合の1つである．協同組合は，日本，ヨーロッパ諸国，アメリカやカナダなど，それぞれに長い歴史を持っているが，その中でも，19世紀中頃にイギリスの**ロッチデール**で発足した組合と，ドイツの**ライファイゼン**の協同組合が，実践の面でも，「協同組合とは何か」という理念(**協同組合原則**)の確立という面でも，先駆的な役割を果たした.

協同組合の理念については，現在でもいろいろと論議が続けられているが，その基本はやはり，零細な農業生産者が共同販売や共同購入によって市場交渉力を高めることを目的としたように，経済的(ないし社会的)な弱者が結集して協力することによってその力を強めるところにある．ただしその理念の中には，ライファイゼンの「1人は万人のために，万人は1人のために」という言葉や，組合員の平等や相互扶助に関する「ロッチデール原則」にも表れているように，より広く人間の生き方や社会のあり方にかかわる理想も含まれている.

さて**表6-3**は，いくつかの国について，農産物の販売および農業生産資材の購入という2つの市場(取引)に占める農業協同組合の市場シェアを示したものである．表に明らかなように，日本では両方の市場において，農業協同組合が非常に高いシェアを占めている.

日本の農業協同組合は，明治維新以前からあった農民によるさまざまな相互扶助組織を源流としているが，法律にもとづく組織としてスタートしたのは，1900年に制定された**産業組合法**からである．現在の**農業協同組合法**は，第二次世界大戦後の占領軍による農村民主化の一環として，1947年に制定されたものである.

日本の農業協同組合が，特に穀物(米)や肥料の市場で非常に高いシェアを持っているのは，戦争中から戦後の食料不足時代に主食の配給にかかわったことからきている．この時期には，**食糧管理法**(1942年)によって主要食料はすべて生産者から政府が買い上げ(**供出**)，消費者に平等に売り渡す(**配給**)という政策がとられたが，農業協同組合はこの政策の実施上ほとんど行政と一体となって重要な役割を果たした．供出・配給のもとでは，すべての米・麦が政府の代行者としての農業協同組合を通って流通したが，その実績が現在まで及んでいる

表 6-3　農業協同組合の市場シェア

（単位：%）

		アメリカ (2005 年)	フランス (2000 年)	イギリス (2000 年)	日　本 (2005 年)
販　売	穀　物	17	74	25	69
	牛　乳	85	49	50	96
	牛　肉	n. a.	34	10	66
	野菜・果物	22	n. a.	32	65
	合　計	31	n. a.	n. a.	65
購　入	飼　料	19	45	25	59
	肥　料	42	60	30	72
	合　計	13	n. a.	n. a.	70

出所）アメリカ：USDA, *Agricultural Statistics 2007* の農協取扱高と農家販売（購入）額の比として推計．フランス・イギリス：COGECA（EU 農協協議会）による推計値．日本：農林水産省「総合農協統計表」の JA 取扱高と「農業経営統計調査報告」の 1 戸当たり販売（購入）額に農家数をかけて求めた総額の比として推計．ただし牛乳については，アメリカは USDA, *Rural Development*, イギリスは Dairy Industry Newsletter (ed.), *UK MILK REPORT 2004/2005*, 日本は生産量に占める指定団体取扱量の比率．

のである．

食糧管理法は 1995 年に廃止され，米・麦の流通はより自由な**食糧法**のもとに置かれることになり，2004 年には**新食糧法**（または**改正食糧法**）への改正によって自由化の範囲が拡大された．日本の農業協同組合も，米・麦の共同販売という点では新しい局面を迎えることとなった．

牛乳は，アメリカでも日本でも農業協同組合の市場シェア（**共販率**）が高い．イギリスの場合，牛乳の共販率は現在 50% となっているけれども，かつては協同組合による完全な市場独占が成立していた．イギリスでは牛乳は日本の米に当たる最も重要な農産物であるから，1933 年から 94 年までの間，一種の農業協同組合である **MMB**（Milk Marketing Board）が，イギリス国内の牛乳の独占販売権を政府から付与されていたのである．

MMB は，1933 年に牛乳価格の下落から牛乳生産者を守るために設立された．それは 1920 年代から 30 年代の深刻な農業不況期にイギリスにおいて設立されたいくつかの **Marketing Board** の 1 つであったが，54 年以降は国内の牛乳流通の独占権を与えられて強力な共同販売組織となった．イギリスの牛乳生産者はすべての牛乳を MMB に売り渡すことを法律によって義務づけられ，

MMBはすべての牛乳を一手に集めた後，それを各種の買い手(乳製品加工・販売企業など)に最大の利益を上げるように販売することができた.

MMBや，供出・配給制度下の日本の農協は，農産物市場における共同販売組織として最強であり，農業生産者の市場交渉力の弱さを補うというだけにとどまらず，高い販売価格を実現する力を持っていた．それは時には，独占禁止法上の問題とされることすらあるほどであった.

MMBは1994年に廃止された．MMBの廃止の理由については，ここでくわしく説明する余裕がないが，法律で完全な独占を保障することは，零細な生産者の市場交渉力を正当な水準まで高めるという農業協同組合の本来の目的からみても行き過ぎである．イギリスのMMBや食糧管理制度下の日本の農協などは特殊な事情のもとでの例外だが，農業協同組合の共同販売(購買)による市場交渉力の強化も，それが行き過ぎると独占の弊害をまねくことになる.

第3節　農産物価格支持政策

多数の売り手と買い手の間の自由な取引が市場の「見えざる手」に導かれて，需要曲線と供給曲線の交点で価格が決まる――これが正常な市場経済の原則である．しかし現実の経済では，この原則どおりにならない場合も少なくない.

たとえば水道料金や郵便料金などの「公共料金」は，市場の需要と供給によって決まるのではなく，政府が直接その決定に関わっている．またビールや自動車など，生産している企業が数社しかない商品の場合も，その価格は，企業の販売戦略という「見える手」で決められている.

つまり多数の買い手と売り手の自由な競争によって，需要と供給が均衡する点に価格が決まるというのは，確かに市場経済の原則なのであるが，いろいろな理由でその原則の例外も多いのである.

野菜や果物などは，多くの国に**卸売市場**があって「セリ」で価格が決まっているし，穀物や大豆の国際価格もシカゴの取引所などで実際に売り手と買い手が集まって値付けが行われているが，農産物の市場でもやはり「見える手」が存在する．それは政府の介入である.

農産物の市場に政府の「見える手」が介入して市場の「見えざる手」の働き

を制限する**農産物価格政策**は，たいていの国で実施されていて，現実にはむしろ政府が介入しない方が例外となっているほどである．

農産物市場への政府の介入は，2つのタイプに分類される．1つは**農産物価格安定政策**であって，主として豊作・不作の作況変動に由来する価格の暴騰・暴落を防止するための介入である．この政策については，すでに第3章で説明した．

もう1つは**農産物価格支持政策**である．価格安定政策の目的が価格変動の防止であるのに対して，価格支持政策の目的は，農産物価格の水準を，需給一致点で決まる「市場均衡価格」よりも高い水準に引き上げることである．

農産物の市場において，多くの国が市場経済の原則に反する価格支持政策を実施しているのは，もし政府の介入なしに市場の「見えざる手」に任せておいた場合，そこで成立する市場均衡価格が，売り手である農産物生産者にとって不当に低すぎるものになると考えられているからである．

市場均衡価格が「不当に低すぎる」ということが正しければ，政府が介入してそれを引き上げるのは正当な政策である．そこで問題は，農産物の市場均衡価格が不当に低すぎるのかどうか，また不当に低すぎるとすればそれはなぜかということになる．

価格が不当に低すぎるかどうかというのは，なかなか難しい問題である．ここではそれを，農産物の生産者の生活水準という観点から説明しよう．

話を簡単にするために，家族自作経営の場合について考える．農産物の価格がある水準に決まったとすると，それに生産量(販売量)をかけあわせれば経営の販売額が決まる．農業経済学では，この販売額を**農業粗収益**と呼んでいる．

農業粗収益は経営の総収入であり，これから肥料代や農機具代などの支払費用を差し引いた残りが，**農業純収益**ないし**農業所得**である．家族自作経営の場合には，先に第5章で述べたとおり，この純収益が家族の農業労働と農地に対する報酬の合計であり，家族経営の混合所得になる．

農産物の市場均衡価格が低すぎるという判断の1つの基準は，この混合所得の総額が，家族の生活費として不充分だということである．そして生活費が充分かどうかの基準としては，標準的な都市勤労者世帯の所得と比較するのが普通である．

もし政府が介入しない場合，標準的な家族農業経営の混合所得では，都市勤労者世帯なみの生活が維持できないものとすれば，農産物価格が不当に低すぎると考えてよいであろう．なぜなら，正常な市場メカニズムのもとでは，同一の生産要素には同一の報酬を与えられるのが原則であるのに，この場合は農業労働と非農業労働の報酬に差があるとみられるからである．

家族自作農業経営の混合所得は，本来ならば，家族の農業労働に対する報酬(賃金)と自作農地に対する報酬(地代)との合計額になっているはずである．それが標準的な都市勤労者世帯の所得(賃金)よりも低いとすれば，農産物の市場では「見えざる手」が正常に働いていないことになる．「一物一価」ないし「同一労働同一賃金」という市場経済の基本原則がなりたっていないからである．

では，なぜ農産物の市場では，売り手である農業生産者が正当な労働報酬を受けることができないのか．この問題についても，いくつかの異なった考え方がある．本章のテーマである「市場交渉力の弱さ」も理由の1つである．

しかし最も重要な理由は，第2章で述べた農業の過剰就業の存在である．つまり，経済成長にともなって必然的に生じる農業部門の就業人口の減少が，スムーズな都市への移住と非農業部門への再就業に結びつかず，農業部門に過剰労働力が滞留してしまうが，正当な労働報酬が得られなくてもともかく最低限の生活を維持するために農業生産を続けるので，農産物の供給は過剰となり，農産物価格は不当に低くなる．この場合，農産物の価格が不当に低いのは，農村の過剰人口の結果に他ならない．

さて，農産物価格の引き上げを目的とする政策にもいろいろのやり方があるが，どのような手段をとるにしてもどうしても避けられないのは，農産物の**過剰生産**という問題である．農産物価格支持政策は，農産物の価格を需要と供給が均衡する水準以上に引き上げるものであるから，需要は減少し，供給は増加する．結果として農産物の過剰が生じるのは当然である．

農産物価格支持政策にともなう過剰生産に対処する1つの方法は，**図6-2**に示した**二重価格制度**である．**図6-2**で点Eは均衡点であり，$\hat{P}$は市場均衡価格，$\hat{Q}$は均衡生産量(＝需要量)である．ここで$\hat{P}$が不当に低すぎるという理由で，政策的に価格をP_fまで引き上げたとすると，供給量は$\overline{Q}$，需要量は$\overline{Q}'$となる．

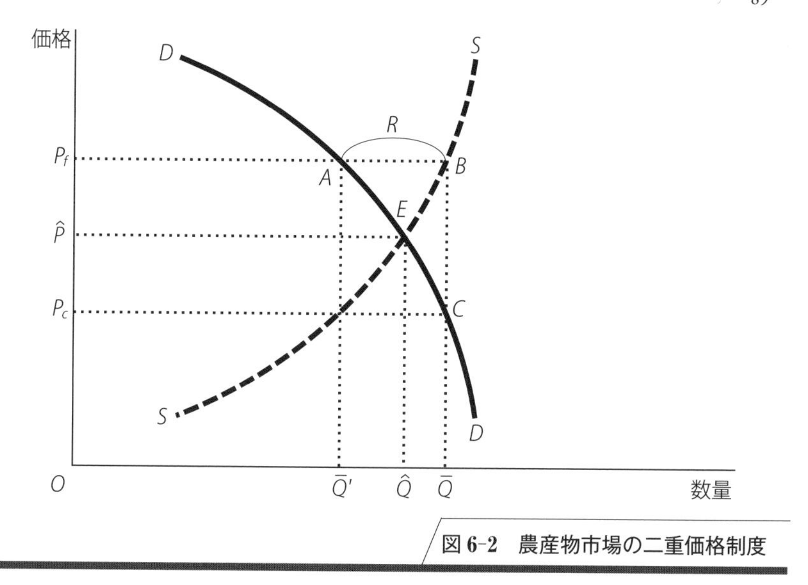

図 6-2　農産物市場の二重価格制度

このままでは R だけの供給過剰となるのは明らかである．

二重価格制度では，政府が農業生産者から価格 P_f で買い上げても，買い手(消費者)に対しては生産量 $\overline{Q}$ をすべて売り切れる価格 P_c で売り渡すことによって過剰(売れ残り)が解消される．ただし政府は買い上げ価格 P_f と売り渡し価格 P_c の差だけ損をする．総額では $(P_f - P_c) \times \overline{Q}$ だけの損つまり財政負担が生じる．

過剰生産に対処するもう１つの方法は，**生産割当**(production quota)である．これは政策的に決められた高い価格では過剰が予測される分だけ，生産量を制限して需要に合わせる方法である．**図 6-3** では，もし価格 $\overline{P}$ で自由に生産すると供給量は $\overline{Q}'$ となり，R だけの過剰生産が生じるが，なんらかの手段で価格 $\overline{P}$ に対応する需要量 $\overline{Q}$ にまで生産を制限するのである．

生産制限のやり方にもいろいろあるが，いずれにしても生産者は，価格 $\overline{P}$ のもとで作りたいだけ自由に生産することは認められず，生産を減らすことを強制される．生産割当というのは，このような仕組みのもとでそれぞれの生産者に与えられる生産量の枠のことである．

二重価格制度のもとでは，農産物価格支持政策のコストは主として財政支出

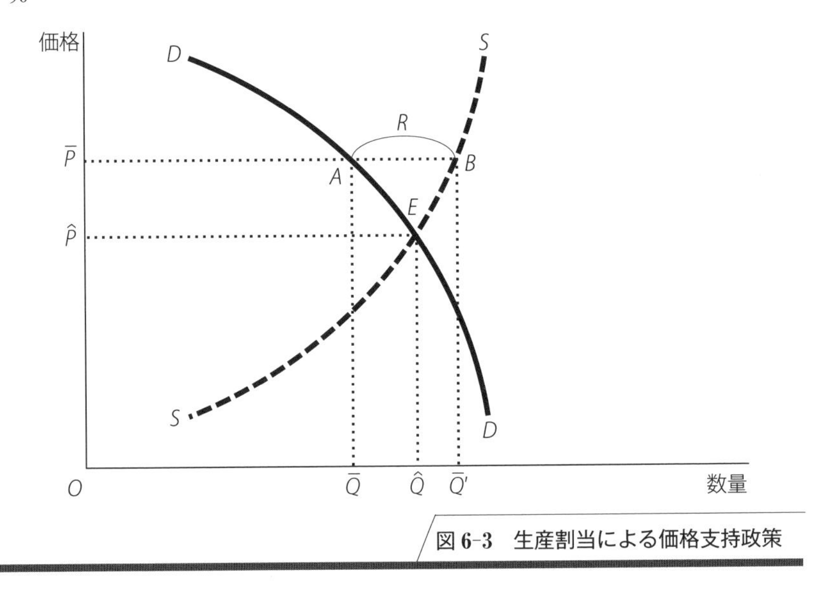

図 6-3　生産割当による価格支持政策

でまかなわれる．財政支出は税金から支払われるのであるから，この制度では結局納税者から農業生産者に「所得移転」が行われていることになる．

生産割当制度の場合には，高い農産物価格を負担するのは買い手(消費者)である．生産割当がなければ，消費者は価格 $\hat{P}$ で農産物(食料)を $\hat{Q}$ だけ買うことができるのに，生産割当制度のもとでは高い価格 $\overline{P}$ で少ない数量 $\overline{Q}$ しか買うことができない．この場合は，実質的には，消費者から農業生産者に所得移転が行われているのと同じことになる．

農産物価格支持政策は，結局は納税者ないし消費者から農業生産者への所得移転政策である．したがって，その遂行には所得移転が正当とみなされる理由が必要である．これは簡単な問題ではないけれども，その最も基本的な理由は，農業生産者の生活水準ないし経済的地位が援助を必要とするほどに低いという事実である．

またそうした事実がない場合にも，農業・農村がもたらす社会的便益への報酬として，つまり第 11 章で述べる農業の外部性を内部化する 1 つの手段として，それを行うべきという考え方があり，近年広く起用されるようになっている．

第4節　農地政策と農業金融政策

農産物の市場だけではなく，農業の生産要素についても，多くの国でいろいろな政策的介入が行われている．ここではそのなかから，**農地政策**と**農業金融政策**について説明しておく．

農地政策は2つのタイプに分けることができる．いずれも農地の取引，つまり売買や貸借に対する政策的介入ではあるが，その目的が異なっている．

第1のタイプは，家族農業経営ないし**小農の保護**を主たる目的として，農地の取引を制限する政策である．これにはさまざまな類型があるが，その基本となっている理念は，市場交渉力の弱い小規模農業生産者の保護である．

日本の小作法やイギリスの農業法による借地農の保護政策については，第5章で少しふれた．地主と借地農との関係では，地主が大土地所有者であって市場交渉力も強いのが普通であるから，借地農の保護は基本的には正当な政策である．農地に即していうと，この政策の主要な内容は，借地農の**借地権の保障**である．

地主がその強い交渉力を無制限に行使して貸付地を自由に取り上げたり，地代をつりあげたりするのでは，借地農の農業経営も生活もきわめて不安定なものとなる．したがって政策的に借地権に一定の保障を与えることは，農業経営の安定という生産効率の観点からも，小農の生活の安定という社会福祉の観点からも，正当な政策である．ただあまりにも借地権が強すぎると，正常な農地の貸借や売買の取引まで制限することになり，効率的な資源配分をそこなう場合があることも，すでに述べたとおりである．

農地政策の第2のタイプは，**土地利用の秩序**を目的とするものである．これは農地に限らず都市用地でも同じことであるが，土地は動かすことも生産することも不可能な生産要素であり，新しい土地利用のためには，それまでの土地利用を変えるしかない．

土地を効率的に利用するためには，長期かつ公共的な立場からの**土地利用計画**と土地利用秩序とが必要である．たとえば，農業地域のなかにスーパー・マーケットを作る場合，それが短期的・私的な観点からは非常に収益性の高い土地利用であるとしても，その周囲の土地全体の長期的な利用効率の上からはマイナスかもしれないからである．

短期的・私的な観点だけから無秩序に農地を都市的用途に転用することを**スプロール**(sprawl)という．長期的・公共的な立場からスプロール化を防止することは，農地政策の重要な課題の1つである．スプロール防止のもっとも基本的な手段は**土地利用区分**(zoning)である．これは土地をいくつかの区域(zone)に分けて，区域ごとに利用計画を作ったり用途を定めたりする政策である．土地利用区分は土地の効率的利用という点で非常に重要な政策であるが，一方でそれは公共の利益のために土地の私有権を制限することでもあり，難しい問題を含んでいる．

次に農業金融政策について説明する．農業においても，設備投資のための長期資金や，肥料や飼料を購入するための短期資金を借りる必要があるが，銀行など一般の金融機関からは融資を受けることが難しい場合も少なくない．それは1つには，農業が天候に左右されて収益が安定しないため，もう1つには，農業経営の多くが零細な家族経営であるためである．収益が安定しない経営に融資するのは，貸し手にとっては危険(risk)が高い．また零細な経営に融資するのは，貸付金額に比較していろいろな費用がかさむ．そのため一般の金融機関では農業に融資することがなかなか難しいのである．

農業融資つまり農業資金市場への政策的介入が必要とされるもう1つの理由は，土地改良事業に対する長期資金の供給である．**土地改良事業**とは，農業水利のためのダムや用水路の建設，農地の開拓や干拓，農道の開設などであるが，これらはいずれも大規模な投資プロジェクトであり，農業用水事業などになると事業の開始から完成までに20年，30年を要することも珍しくない．このような事業のために必要な「超長期資金」は，一般の金融機関では貸し付けることが困難である．

そうした事情で，多くの国において農業金融を専門とする政府系の融資機関がつくられている．また農業協同組合が組合員から預金を集めて貸し付けるという**相互金融**を行っている場合もある．ことに日本の農業協同組合では，農業金融はそのビジネスを支える大きな部門となっている．**農林漁業金融公庫**(2008年に100%政府出資の株式会社日本政策金融公庫の農林水産事業部門に統合)は，農林水産業およびそれと結びついた食品産業への融資を主たる業務とする政府系農業金融機関の代表的な例である.

また農業金融は開発途上国の農業発展をサポートするための重要な政策手段の1つである. 農業開発の手段としての融資もやはり, 主として政府系の特殊金融機関によって取り扱われている. 一般の銀行などとは違って, その貸付資金は財政や外国の援助から調達されている場合が多く, また貸付金利が安いなど, 借り手にとって有利な融資条件が設定されているのが普通である.

多くの開発途上国には, 財政資金や援助資金を原資とする政府系の農業金融機関があり, **農業開発銀行**(Agricultural Development Bank)とか**地域農業銀行**(Regional Rural Bank)などと呼ばれている. こうした農業金融機関にも, 貸付金回収率の悪さなどいろいろ問題はあるけれども, よい成果を示している例としては, アジアでは韓国, 台湾の農業協同組合銀行や, タイのBAAC(Bank of Agriculture and Agricultural Cooperatives)がある. またバングラデシュの農民銀行(**グラミン・バンク**)は, 零細農家への小口融資(**マイクロ・クレジット**)だけでなく, 最も貧しい農民の間に貯蓄の習慣を普及することも目指している興味深い試みである. グラミン・バンクとその創設者のムハマド・ユヌスには2006年のノーベル平和賞が与えられた.

課　題

1. 農業の交易条件の意味を, 稲作と酪農について具体的に考えよ.
2. 農産物価格政策が, 価格安定政策なのか価格支持政策なのかを見分けるにはどうしたらよいか考えよ.
3. 農産物の過剰を解消する2つの手段のうち, 二重価格制度と生産割当制度では, どちらが生産者にとって有利か, また消費者にとってはどうか.
4. 産業組織論については, 小田切宏之『新しい産業組織論――理論・実証・政策』(有斐閣, 2001年)を参照. また農産物の市場組織については, 専門的な研究書であるが, 鈴木宣弘『寡占的フードシステムへの計量的接近』(農林統計協会, 2002年)を参照.
5. 農業協同組合論については, 増田佳昭『規制改革時代のJA戦略――農協批判を越えて』(家の光協会，2006年)および，生源寺眞一・農協共済総合研究所編『これからの農協——発展のための複眼的アプローチ』(農林統計協会，2007年)を参照．また日本の総合農協は複数事業を併営しており，中でも組合員の家計の安定性を支える共済事業の比重は大きい．渡辺靖仁『農協共済と農村保障ニーズ』(農林統計協会，2001年)を参照．

6. 農業金融論については，泉田洋一編著『農業・農村金融の新潮流』(農林統計協会，2008年)，また開発金融については，泉田洋一『農村開発金融論——アジアの経験と経済発展』(東京大学出版会，2003年)を参照．

第7章
農産物貿易と農業保護政策

市場経済の原則は**一物一価**である．市場メカニズムが正常に作用して経済が最も効率的な状態にあれば，一物一価がなりたっているはずである．

そして貿易は，国境を越えて一物一価の原則を成立させ，経済の効率を高める手段である．世界の経済は，貿易の発達にともなって成長してきた．自由貿易の利益は，経済成長の重要な源泉である．

しかし現実には，国境を越えた一物一価の原則がなりたたず**内外価格差**があることも少なくない．いろいろな理由で，自由貿易が制限されているからである．同じ商品が異なった価格で取引されている時は，市場のメカニズムが正常に働いていないだけではなく，どこかに経済的なムダ(非効率)がある．

農産物，ことに小麦や米などの穀物は，世界のいたる所で生産され，また消費されている．その意味で，穀物は最も貿易に適する商品であるといってもよい．けれども実際には，農産物の貿易に対しては政策的な介入が強く，自由貿易が制限されている．

特に国民所得水準の高い国では，農産物の輸入を制限する**国内農業保護政策**が広く行われている．それにはいろいろな理由があるが，保護政策は1つの大きな問題を引き起こした．それは**農産物の過剰**である．特に1980年代，アメリカとEU(当時はEC)の両先進国は膨大な過剰農産物による重い財政負担をかかえ，また負担解消のためにアメリカもEUも**輸出補助金**などの制度をつくって輸出を促進したので，貿易市場にも大きな混乱をまねいた．

こうした先進国の国内農業保護による貿易の混乱を解決し，農産物市場の「ゆがみ(distortion)」すなわち一物一価からの乖離を取り除こうとしたのが，1986年にウルグアイでスタートした**ガット**(GATT)の農産物貿易交渉，いわゆる**ウルグアイ・ラウンド**(UR)農業交渉である．ガットとそれに続く世界の農産物貿易交渉については，本章第4節と第5節でくわしく説明する．

第1節　穀物貿易の特質

世界の穀物貿易には各国の政策介入が強く影響している．それは穀物というものが，貿易という点からみて自動車やテレビなどの工業製品とは違ったいろいろな特質をもっており，自由貿易にゆだねても適切な結果を生みにくいと考えられているからである．

穀物の自由貿易を制約している第1の理由は，それが食料だということである．食料不足は生命の危険に直接結びついているので，国民に対して必要な食料の供給を保障すること，すなわち**食料の安全保障**(food security)は，どの国の政府にとっても国境の防衛や国内の治安維持と並ぶ最優先の課題である．

所得の高い国の場合，食料の安全保障とは，戦争その他の危機に際して，国民の生存に必要な食料の供給を保障することを意味している．世界の穀物市場が正常に機能している平常時においては，経済的に豊かな国は欲しいだけの食料を自由に買うことができるからである．

所得の低い国にとっては，食料の安全保障はそうした非常時の危機の問題ではなく，毎日の生活の問題である．次章でくわしく説明するが，世界にはなお飢餓や慢性的栄養不足に悩む数億の人々がいる．そしてその数億の人々が住んでいる経済的に貧しい国々に，世界人口の8割以上が暮らしている．そうした国々では，最小限の食料の供給はすべてに優先する政府の責任である．

このように，食料の安全保障という言葉の意味は，高所得国と低所得国とでは非常に異なっているけれども，政策的にはどちらにも共通する1つの手段，つまり**食料の国内自給**に結びつく．

食料の自給は，誰にもすぐに理解される最も単純明快な食料の安全保障の手段である．もちろん，食料自給だけが唯一の食料の安全保障政策の手段ではないし，農地をはじめとする資源の賦存量を無視して食料自給に固執することは，非常に大きな経済的非効率をまねく可能性がある．しかしそれが最も安全で確実な食料確保の手段であることは，間違いのない事実である．

表7-1には人口1億人以上の主な国の**穀物自給率**を示している．世界の人口大国の多くが80% から100% 以上を自給しているなかで，日本は例外的に飛

表 7-1　穀物自給率

国　　名	自給率(%)			人口(万人)(2013年)
	2005年	2010年	2013年	
日　　本	25	23	24	12,799
中　　国	100	103	100	139,188
イ ン ド	102	103	111	128,084
インドネシア	90	92	89	25,838
パキスタン	88	74	81	19,943
バングラデシュ	89	102	103	15,276
ナイジェリア	88	74	81	18,114
アメリカ	130	120	126	32,088
ブラジル	86	104	122	20,104
ロ シ ア	112	110	132	14,433
E　　U	106	105	109	50,317

出所）FAOSTAT の食料需給表より算出.
注）穀物自給率は飼料用等食用以外の消費量を含む.

表 7-2　穀物生産量に占める貿易の割合

(単位：%)

	1970年	1980年	1990年	2000年	2010年	2013年
小　麦	18.6	23.0	18.8	23.7	27.4	28.0
米	3.9	4.8	3.6	6.1	7.5	8.4
穀物計	10.9	16.2	13.4	15.9	16.8	16.9

出所）FAOSTAT.

び離れて低く，わずか 24% ほどでしかない．この問題については第 12 章で説明する．

多くの国の穀物自給率が 80% 以上であるということは，穀物の供給において貿易の占める割合が小さいことにもなる．実際に世界の穀物の総生産量に対する貿易量の割合は，多くの工業製品に比較して小さい．自動車や工作機械などでは世界の総生産量のおよそ半数が国境を越えて売買されているのに，**表 7-2** に示されるとおり，穀物の貿易割合は小麦で 28%，米ではわずかに 8% ほどに過ぎない．

小麦に比べて米の貿易割合が甚だしく低い理由は，中国などアジアの米食の人口大国の自給率が 100% に近いか超えているからである．このように国境を越えて取引される量が少ないことを，穀物の世界市場は**薄い市場**(thin market)であるという．

さて，貿易は商品生産における**比較優位**(comparative advantage)の原則に従っている．それぞれの国が，生産面で相対的に有利な商品を輸出し，不利な商品を輸入することによって，貿易は経済的な利益をもたらすのである．

穀物はこの比較優位性という点で，重要な特質を持っている．それは，穀物の生産がそれぞれの国の耕地面積によって絶対的に制約されているということである．第4章で収穫逓減の法則に関連して説明したように，各国の穀物生産量は，耕地面積と技術的最大可能収量からくる限界を超えることができない．これが「絶対的制約」だというのは，耕地は生産することも輸入することもできないからである．

図7-1をみると，日本の粗鋼の生産量は，高度経済成長期に飛躍的に増加し，1950年を基準として70年には約20倍になった．自動車の生産台数の増加はさらにめざましく，同じく1950年を基準として70年には167倍，90年には427倍，2010年には433倍となり，今では生産台数のおよそ半数が輸出されている．一方で米の生産量は，1950年から70年までに1.3倍に増えたけれども，以後は減少基調に転じ，90年代には50年とほぼ同じぐらいの生産量に戻ってしまった．

多くの工業製品には穀物における耕地のような絶対的制約がない．鉄鋼も自動車も，輸出需要さえあれば，国内で工場を増設し労働者を追加雇用して生産を増加させることはそれほど難しいことではない．

だが穀物の場合，輸出国と輸入国とを分ける基本的な要因は，それぞれの国の人口1人当たりの耕地面積である．さきの**表7-1**で，アメリカなどが，穀物自給率が100%を大幅に超えて大輸出国となっているのは，人口に比較して広大な耕地をもっているからに他ならない．

世界の主要な穀物輸出国は，いずれも広い耕地をもっている．小麦ではアメリカの他にカナダ，オーストラリア，ロシア，米ではインド，タイ，ベトナムなどが現在主な純輸出国だが，すべて国民1人当たり耕地面積の広い国である．もちろん，後でEUについて述べるように収量の高さも無視できないけれども，耕地面積が穀物生産の基本要因であり，**輸出競争力**ないし**国際競争力**を決める

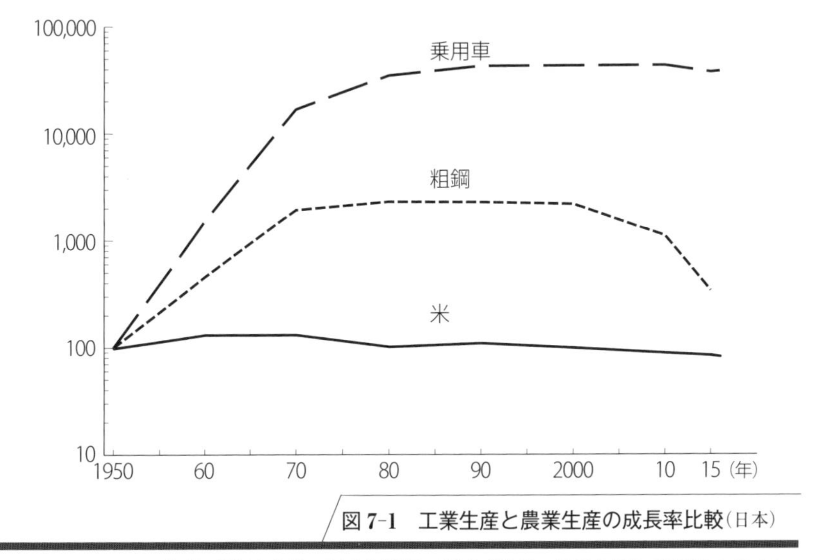

図 7-1　工業生産と農業生産の成長率比較（日本）

出所）粗鋼出荷量，乗用車（普通・軽）出荷台数：経済産業省「経済センサス」「工業統計調査」．米（水稲）収穫量：農林水産省「作物統計」．
注）1950 年の値を 100 とする指数．

最大の要因であることは確かである．400 万ヘクタールあまりの耕地しかもたない日本に 1 億 2000 万を超える人口がある限り，日本は穀物の輸入をやめることはできないのである．

最後に，穀物生産が天候による収量変動の影響を受けることは，国際穀物市場を不安定にする重要な原因である．これは第 3 章で述べたように国内市場についてもあてはまるが，国際市場の不安定性はより大きい．なぜなら穀物の場合，輸出は国内需要を充たした後の余剰を販売する**限界市場**だからである．

悪天候によって輸出国で穀物が不作になった場合，自国民の食料需要を充たさないで輸出することは，たとえ経済的利益はその方が大きかったとしても，国家としてそれを許すことは政治的に不可能である．自国民を空腹と飢餓にさらしたままで穀物を輸出することは，その国の社会秩序の崩壊につながる．

限界市場としての世界穀物市場の不安定性は，**表 7-3** に例示するとおりである．平年作のもとでの輸出量を 20% とした場合，10% の豊作・不作の変動は，輸出量では 50% もの増加・減少を引き起こす．このような**穀物貿易の不安定**

表 7-3　限界市場の数値例

	豊作年	平　年	不作年
生 産 量	110	100	90
国内消費量	80	80	80
輸 出 量	30	20	10

性も，食料の安全保障のために国内自給政策が必要とされる大きな理由である．

第 2 節　国内農業保護政策

国際競争力において劣っている産業部門を保護し，国内生産を維持することは，経済的な貿易の利益に反し，損失をまねく政策である．それにもかかわらず，所得の高い豊かな国でさえ農産物の輸入を制限して国内農業を保護する政策をとっているのには，大きく分けて 3 つの理由がある．

第 1 は，すでに述べた**食料の安全保障**である．これは国家の危機管理政策の一部として，最小限の食料自給力を維持しようとする政策であり，防衛政策の一環をなすものといってもよいであろう．

第 2 は，経済発展にともなう国内農業部門の縮小の結果である**農村過剰人口の生活安定対策**である．ことに賃金水準の上昇が農業の比較優位性を低下させる場合，貿易を制限しないまま農産物の自由な輸入を認めれば，国内農業は急速に需要を失って，農村における低賃金や失業，生活困難の問題をさらに悪化させる．

これは，いわゆる**産業調整**の問題であり，長期的には農業部門から非農業部門へ労働力を移動させる必要があるが，産業調整の速度があまりにも急激であると，政治的・社会的な不安定をもたらす．**輸入制限**による国内農業保護は，急速な経済成長の過程において社会の安定を保つ政策手段の 1 つである．

ここで，経済成長と農業の国際競争力の関係について改めて説明しておこう．農業の国際競争力を決める最大の要因が農地面積であることは，すでに述べた．これは農業部門に固有の要因であるが，工業部門と共通するもう 1 つの要因にも，農業の国際競争力は大きく左右されている．それは労働生産性と賃金の相

表 7-4　米生産費の比較(2012 年)

	日　本	アメリカ	日本比	中　国	日本比
平均農場面積(ha/戸)	1.5	174.4	11,627%	n. a.	n. a.
玄米収量(kg/ha)	5,290	6,355	120	5,413	102%
労働時間(時/ha)	258	12	5	437	169
1 ha 当たり費用合計(ドル)	17,504	3,245	19%	2,802	16%
物財費	8,545	1,935	23	1,169	14
労働費	3,628	257	7	733	20
支払利子・地代	5,332	1,054	20	900	17
労働生産性(kg/時)	20.5	547.2	2,669%	12.4	60%
家族労働含む労賃(ドル/時)	14.1	22.1	157	1.7	12
平均費用(ドル/トン)	3,309	511	15	518	16

出所) 日本：農林水産省「農産物生産費統計」より平成 24 年産米(水稲). アメリカ：USDA, *Commodity Costs and Returns, Rice: 2012-13* よりカリフォルニア州産米(多くはジャポニカ種). 中国：中国政府「全国農産物費用収益：資料編 2013 年版」より黒龍江省産米(ジャポニカ種).

注) 金額は 1 ドル＝100 円または 6.5 元でドル換算したが, 円高になるほど費用格差は広がる. なお中国の平均農場面積については公表データがないが, 中国全体の平均値では日本よりも小さいと推察され, 大規模農家が多い黒龍江省でも 2 ヘクタール程度である.

対的格差である.

農業生産における労働の生産性は, 主として M 過程(第 4 章参照)の問題である. そして M 過程の効率は, 規模の経済性つまり農場の規模拡大が決め手となる. **表 7-4** は, 米の種類の中でも比較的コスト高となるジャポニカ種の主な費目について, 日本, アメリカ, 中国を比較したものである. アメリカは現在, 世界の総輸出量の 1 割近くを占める代表的な米輸出国の 1 つであり, 日本は近年, アメリカや中国から輸入した米を主食用にも用いている. 一方日本の米は国際競争力がなく, その平均コストは国際市場での米価の 10 倍にもなっている.

ただし**表 7-4** をみると, 日本の稲作は労働生産性では中国を大きく上まわっている. しかしながら労働生産性の有利性よりも賃金格差の方がずっと大きいために, 中国の米は日本の米よりもずっと安いのである.

そしてアメリカの場合, 労賃は日本よりもかなり高いのに, 1 経営当たりの農場規模が非常に大きいことからくる労働時間の大幅な節約によって, 中国と同じぐらいの低い平均コストを実現している．アメリカの米の競争力は，基本的に経営規模に依存しているのである．

このように，農地賦存という絶対的な要因を別にすると，穀物生産は賃金の低い国に有利である．逆にいえば，経済成長にともなう賃金水準の上昇は，農業の比較優位を低下させるのが普通である．これは日本だけではなく，農場規模が相対的に小さい高賃金国に共通の問題である．ヨーロッパ諸国がそうであり，また近年では韓国や台湾がそうである．

国内農業保護が行われる第3の理由は，国内の農業的世界の存在それ自体にある種の価値を認めることである．この場合，農業保護政策の根拠は1つの独立した価値判断である．その政策の基礎は，経済効率性という政策基準と異なるだけではなく，食料の安全保障や社会の安定などとも異なって，農業的世界に固有の**農業・農村の多面的機能**そのものの維持である．

この最後の点は，経済分析の範囲を超える問題である．これについては本章第5節で述べることとし，次に国内農業保護の具体的な政策手段について説明する．

国外農産物の輸入を防ぐ最も端的な手段は，いうまでもなく輸入の禁止ないし一定数量以上の輸入の禁止(輸入制限)である．この場合，輸入を認められる最大限の数量を**輸入割当**(Import Quota：**IQ**)という．

このIQは単純明快な輸入制限の手段ではあるが，1つの問題点がある．それは，IQの分だけの輸入品を国内で販売すれば，内外価格差に応じた超過利益が得られることである．この利益が個人ないし民間企業に帰属するのは明らかに不平等であるから，その分だけの差額を政府が徴収することになる．これが一般に**輸入差益**と呼ばれるものである．

IQを別にすると，輸入制限には大別して2つの手段がある．1つは**不足払い**(deficiency payment)方式であり，他の1つは**関税**(tariff)方式である．

不足払いは，EC加盟以前のイギリスが採用していた方式である．**図7-2**に示すように，不足払い方式のもとでは輸入は自由である．したがって国内価格は，世界市場価格P_Wと同じ水準になり，内外価格差は発生しない．国内の需要曲線をDD，供給曲線をSSとすれば，国内需要は$\overline{Q}$となる．

もし完全な自由貿易が行われれば，国内生産量はQ_Wとなり，$(\overline{Q}-Q_W)$が

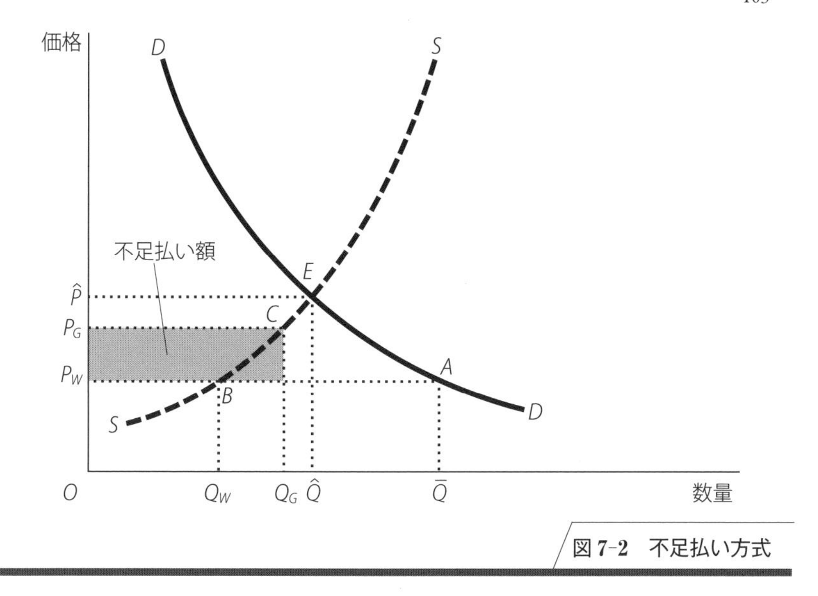

図 7-2　不足払い方式

輸入されることとなる．しかし不足払い方式のもとでは，国内生産者に対して国際価格 P_W よりも高い政策的価格が保証され，この政策的価格と実際の市場価格（＝国際価格）との差額が不足払い金として政府から生産者に支給される．

この生産者に保証される政策的価格は，**保証価格**(guarantee price)とか**目標価格**(target price)とかその他いろいろの用語で呼ばれている．**図 7-2** ではこれを P_G で示した．不足払い方式のもとでは，需要量は $\overline{Q}$ で変わらないが，国内生産量は P_G に対応する Q_G となり，輸入量は $(\overline{Q}-Q_G)$ まで減少する．政府が生産者に支払う不足払いの金額は，$(P_G-P_W)\times Q_G$，すなわち図のアミの部分である．**図 7-2** では，輸入が完全に禁止されている場合の国内均衡点を E で示し，その際の価格と生産量を $\hat{P}$ と $\hat{Q}$ で示したが，保証価格 P_G は必ずしも図のように P_W と $\hat{P}$ の間にくるとはかぎらない．保証価格が高く設定されればされるほど，国内生産は増加し，政府の不足払い負担額は大きくなる．

このような不足払い方式のもとでは，輸入業者は国際価格で自由に輸入し販売することができるので，国際価格に関するかぎりは，国境を越えた一物一価が成立する．その意味で，この方式はイギリスの伝統的な経済思想である「貿易の自由(freedom of trade)」と国内農業保護とを両立させる手段である．

しかし実際には，保証価格 P_G が P_W よりも高い以上，一物一価の原則はそこなわれているのであり，また国内生産が増加し輸入が減っている分だけ，実質的な輸入制限が行われていることは明らかである．

不足払い方式の長所は，輸入にも国内取引にも政府が直接タッチしないので，政策の実施が簡単であることと，消費者にとって食料価格が安くなることである．この方式による国内農業保護の費用は，もっぱら財政負担，つまり納税者の負担となっている．農業保護の費用が財政支出額として明示されるのも，政策の透明性という面ですぐれている．

イギリスの不足払い方式は，1973 年の EC(現 EU)加盟によって廃止された．EU はその**共通農業政策**のもとで**可変課徴金**(variable levy)という独特の域内農業保護政策をとっていたので，イギリスもそれに参加したのである．共通農業政策の農業保護の手段は，「誰にもわからない」といわれるほど複雑な仕組みとなっていた．ここではそのくわしい説明は省略する．

不足払い方式は 1970 年代以降，アメリカの国内農業保護の基本的な手段となった．アメリカの場合は穀物の大輸出国であるから，P_G(アメリカでは目標価格と呼ばれる)の水準が P_W よりも高く設定されることによって，国内の穀物生産は著しく増加した．

EU とアメリカの両方で手厚い農業保護政策が行われた結果，1980 年代には大量の農産物が政府の在庫となって累積し，その管理と処分のための財政負担が大きくなるとともに，EU とアメリカによる農産物の補助金つき輸出競争が激しくなった．これについては第 3 節以下で説明する．

輸入制限のもう 1 つの主要な手段である関税は，国内産業保護の最も一般的な手段であり，農産物だけではなく工業製品にも広く適用されている．それは輸入品に課税することによって輸入価格を高くし，実質上輸入量を制限する方式である．課税の方法としては，輸入価格に一定の率をかける「定率関税」(従価税)と，輸入量 1 単位当たりに課税する「定額関税」(従量税)とがある．

図 7-3 は関税方式を示したものである．国際価格は P_W であるが，輸入時に関税をかけられることによって，輸入価格は P_T まで高くなる．国内需要量は $\overline{Q}$，うち国内生産量は Q_T で，輸入量は $(\overline{Q}-Q_T)$ である．この輸入量に対して総額 $(P_T-P_W)\times(\overline{Q}-Q_T)$ の関税がかけられる．関税方式による**国内農業保護**

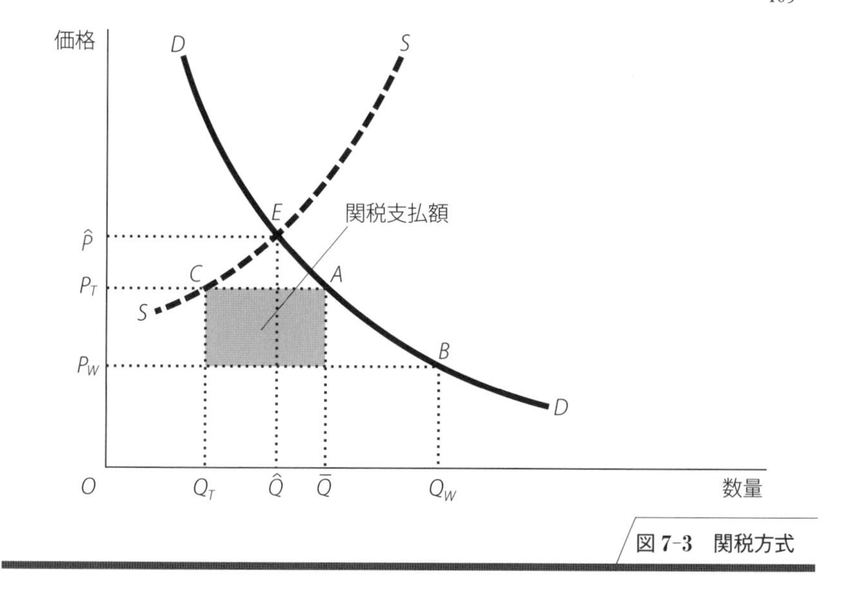

図 7-3　関税方式

の費用は，一部は高い食料品を買う国内消費者によって負担されるが，一部は輸出量を制限される国外の生産者の損失額の形で負担されている．もっとも，輸入を制限するすべての政策は，国内生産者に利益を与え，国外の生産者に損失をもたらすという点では共通している．

関税とは最も一般的な貿易制限の手段であるが，農産物については，関税よりも直接的な輸入制限であるIQや可変課徴金，不足払いなどの特別の方式がとられることがかつては多かった．農業ないし農産物の特殊性のために，関税だけでは有効な国内農業保護にならないと考えられていたからである．この考えを改めて，農産物についてもすべて関税を適用しようというのが，ガットのウルグアイ・ラウンド(UR)で決まった**包括的関税化**である．これについては第4節で簡単に説明する．

第3節　農産物の過剰生産

農産物の価格支持政策と過剰生産については，すでに第6章第3節で説明した．そこでの説明は貿易を考慮せず，もっぱら国内問題として述べたが，ここでは輸入制限と国内農業保護という観点から，もう一度農産物過剰について述べる．

もちろん実際には，国内問題としての農産物価格支持政策と，貿易問題としての国内農業保護政策との間には，明白な区別のない場合が多い．政策の目的は，いずれも国内の農業ないし農業生産者を経済的に支援することである．

両者の基本的な相違とは，農産物価格支持政策は閉鎖経済を前提として，国内市場の需給均衡価格よりも高い水準に農産物生産者の受取価格を引き上げようとするのに対して，国内農業保護政策は国際価格よりも高い水準に国内価格を引き上げようとする点にある．

したがって原理的には，農産物価格支持政策は必ず農産物の過剰生産をもたらすのに対して，国内農業保護政策は必ずしも過剰をもたらすとは限らない．たとえば輸入割当(IQ)によって輸入量を直接制限したとする．その場合でも，国内市場に政府が介入しなければ，IQ に国内生産を加えた供給量と需要量が一致する水準に農産物価格が決まって，過剰生産は生じないはずである．

国内農業保護政策の必然的な結果は，国内農産物の生産者価格が国際価格よりも高くなること，つまり内外価格差の発生である．内外価格差は，国境を隔てているとはいえ明らかに一物一価が成立していない状態であるから，市場経済の原則に反し，かつ経済的非効率をもたらす．つまり輸出国と輸入国とを合わせて考えた場合の生産要素の非効率的利用によって，総生産量の減少をもたらすのである．

内外価格差の存在は，国外で安く買って国内で高く売れるのだから，1つのビジネス・チャンスである．それによって利益を上げることは政策によって禁止されているが，内外価格差が大きければ大きいほど，政策の盲点を発見してその網の目をくぐったり，また政策に違反して網の目を喰い破ろうとするインセンティブは強まり，それを監視し取り締まるのには大きな行政費用がかかる．

しかし実際には，国内農業保護政策がもたらした最大の問題は，農産物の過剰とそれにともなう財政負担の増大であった．国内農業保護政策が，事実上は農産物価格支持政策の役割を果たしたのである．とりわけ EU の共通農業政策とアメリカの 1970 年代以降の農業法による価格政策とは，保証価格ないし目標価格の水準を高く設定しすぎたために，事実上は強力な農産物価格支持政策となり，大量の過剰在庫をつくり出す原因となった．

さて，国内農業保護政策にともなって農産物の過剰在庫が生じてくると，その管理や処分のための費用が累積して財政を圧迫する．1980年代におけるEUの共通農業政策による介入買入在庫は「バターの山・ワインの湖」といわれるほど大きくふくらみ，そのための財政負担はEUの全予算の80%を占めるまでになった．またアメリカでも穀物の在庫率が適正水準をはるかに上まわる30%に近い水準に達し，その負担は財政赤字に苦しむアメリカ政府に重くのしかかった．

過剰生産の解消には，原理上2つの方法がある．1つは，需給均衡価格よりも高く設定されている農産物生産者価格の引き下げである．もう1つは，すでに第6章で述べた生産割当である．

EUの共通農業政策もアメリカの農業政策も，1980年代以降この2つの方法をどちらも採用した．EUでは1984年に**ミルク・クオータ**(milk quota)と呼ばれる牛乳の生産割当が導入された(2015年3月末に廃止)．アメリカでは主要な作物のほとんどに**セット・アサイド**(set aside)と呼ばれる作付面積の制限が行われた．また保証価格水準も切り下げられ，農産物の過剰在庫はしだいに解消に向かった．

第4節　輸出競争とガット農業交渉

農産物過剰の解消には，実はもう1つの方法がある．それは輸出である．だが国際価格よりも高く設定された保証価格水準での輸出が不可能なことはいうまでもない．EUもアメリカも，財政負担による安売りによって輸出を促進し，過剰在庫の解消を図ったのである．「食料援助」の名目での外国への贈与も，実際の目的は過剰在庫の解消であることが少なくない．

これは事実上の**ソーシャル・ダンピング**である．EUとアメリカの双方が，補助金による輸出促進政策をとったため，世界の農産物市場は非常に混乱し，ときには「貿易戦争(trade war)」とまでいわれるようになった．

この混乱を改善し，世界農産物市場の秩序を回復する目的で行われたのが，1986年に始まったガットのウルグアイ・ラウンド(UR)農業交渉である．**ガッ**

トとは，貿易の促進を目的として1948年に発足した「関税と貿易に関する一般協定(General Agreement on Tariffs and Trade：GATT)」の略称である．当初のガットは主として関税などの国境措置だけを取り扱っていたが，1980年代の世界農産物市場の混乱の結果，1986年にウルグアイのプンタ・デル・エステでスタートしたURにおいて，農産物の貿易に関係する国内農業政策を初めて取り上げることとなったのである．

UR交渉は難航し，1993年になってようやく決着した．URは農産物だけでなく貿易全般にわたる交渉であったが，その決着までに8年もかかった理由の1つは，農業交渉が妥結しなかったことである．貿易交渉が難しいのは工業製品でも同じであるが，農業と農産物については，すでに述べたようなその固有の特質のため，各国の立場と利害に非常に大きな相違があって調整が難航した．

UR農業交渉の難しさは，第1にアメリカとEUの立場の違いからきていた．アメリカもEUも，農業保護政策の結果として農産物の過剰在庫をかかえることになったのは同じだが，アメリカとEUの間には農業の国際競争力において根本的な差がある．

アメリカは，農産物の輸出競争力の絶対的規定要因である農地賦存量において，世界でも最も恵まれた国の1つである．アメリカが価格競争において不利になるのは，オーストラリアのようなアメリカをはるかに上まわる広大な農地を持っている国か，タイのように農地賦存にある程度恵まれたうえ賃金水準も非常に低い国か，いずれかに対してだけである．

一方EUは，農地賦存の点でも賃金水準の点でも，農産物の輸出競争力はアメリカよりも弱い．EUが農産物の純輸出国になったのは，1つには低出生率による人口の停滞のためであり，もう1つは農業保護が行き過ぎて保証価格水準があまりにも高く設定された結果であり，EUは本来は輸入国なのである．

したがって，アメリカの農産物価格政策は，基本的には国内問題としての農産物価格支持政策である．一方EUの共通農業政策は，輸入農産物から域内農業を守るための国内農業保護政策である．こうした根本的な相違がある以上，アメリカの主張する「農業保護の全廃」にEUが同意することは不可能である．もし全廃すれば，安い外国農産物の輸入によってEUは深刻な農村過剰人口の問題に直面し，ヨーロッパ統合というEUの目標そのものが崩壊しかねないからである.

URは，このようなアメリカとEUとの対立を軸として難しい交渉を重ねたが，1993年12月に最終的な決着に至った．URの妥結によって成立した新しい農業貿易のルールは，次の2点を基本としている.

(1)　輸入割当や可変課徴金などを関税におきかえ，輸入制限的な国境措置を関税だけに限定する.

(2)　関税率，輸出補助金，および農業生産を増加させる国内政策を含めて，すべての農業保護の水準を漸次削減する.

この(1)がいわゆる**包括的関税化**(tariffication)である．これによって関税以外の国境措置はほぼすべて廃止され，関税におきかえられた．ただし日本と韓国の米はわずかな例外として，関税化を2000年(韓国は2010年)まで猶予された.

(2)の**農業保護の削減**については，その達成度を定量的に確認するためにAMS(Aggregate Measure of Support)という尺度が使われることとなった．AMSとは，内外価格差のほかに，財政による補助金その他一切の農業部門に対する支持の大きさを金額で示したものである．各国はこのAMSを，1986-88年の水準を基準として1995年から2000年までの6年間で20%削減することとされた.

ただし，国内農業保護が農業生産の振興と切り離されているならば，それは自由な取引による農産物市場の需給均衡に影響せず，したがって貿易に歪みをもたらすものではないので禁止する理由はない．UR農業合意では，貿易を含む農産物市場に歪みをもたらさない国内農業政策は「**緑の政策**」として区別され，そうした政策に対する財政支出は削減対象から除外されたのである．このことは次節でさらにくわしく説明する.

第5節　WTO農業協定とドーハ開発アジェンダ

URの決着後，1995年にはガットに代わって**WTO**(World Trade Organization：世界貿易機関)が新たに発足し，UR農業交渉の合意内容は95年**WTO農業協定**として確定された．したがって95年以降，WTO加盟国の農業政策はすべてこの協定の制約下におかれている.

WTO 農業協定の制約下で，先進国の農業政策は 1995 年以降大きく改革された．EU の共通農業政策改革つまり **CAP 改革**は，すでに UR 合意に先立って 92 年に着手されていた．その内容は価格支持から，農家の所得を直接的に補てんつまり**直接支払い**(direct payment)する政策への転換であり，かつ直接支払いを農業生産の振興と切り離す方向で WTO 農業協定に従うものであった．

アメリカでも，1996 年農業法で不足払い制度が廃止されて固定直接支払いに替えられた．その後 2002 年農業法で不足払い制度は復活したが，他方で環境保全対策に重点がおかれるなどの改革が行われた．日本においても，後に第 12 章で述べるように，1995 年に食糧管理法が廃止され，1999 年には新しく食料・農業・農村基本法が制定された．前にも述べたように，UR 農業合意は国内政策を含むすべての**貿易歪曲的農業政策**を「**黄の政策**」として削減対象としていたため，各国はそれぞれの農業政策を貿易歪曲効果のない「**緑の政策**」に転換することをめざしたのである．

緑の政策とは，世界農産物市場において自由な取引による需給均衡(価格および生産量・貿易量)の達成を妨げない政策である．たとえば政府による研究，防疫，普及，検査，社会的基盤整備などのほか，農業生産拡大に直接結びつかない形での農業生産者への所得支持が緑の政策とされた．

この最後の事項が，いわゆる**デカップリング**(decoupling)である．それは農業生産者や農村居住者に対する交付金を，農業生産と切り離す(de-couple)という意味の造語である．

農業的世界への政策的支援が農業生産拡大への直接の援助を通じて行われる場合，それは農産物市場の需給調整機能を歪め，需要を上まわる供給を作り出す．そして供給の過剰は，結局は正常な貿易を妨げて国際市場を歪曲する．デカップリングはそれを避ける工夫であり，具体的な手段としては，支援を必要とする対象者に**直接支払交付金**を与えることがまず考えられる．

ところで直接支払制度の導入に際しては，それを特定の対象者のみに与えることへの正当な理由が必要である．その最も基本的な理由は貧困であり，貧困者への公的援助は多くの民主主義国における社会保障政策として実行されている．

一方農業生産者を対象とする直接支払いは，どのような理由で正当化されるであろうか．これは簡単な問題ではないけれども，現在最も広く起用されているのは，農業・農村の**多面的機能**(multifunctionality)に対する報酬として支払いを行うべきという見解である．

では農業・農村の多面的機能とは何か．この用語は，農業交渉の公的な用語としては1998年のOECD農業大臣会合において導入されたもので，会合コミュニケの中で「農業活動が……景観を形成し，国土保全，再生可能な天然資源の持続的管理，生物多様性の保全といった環境便益を提供し，多くの農村地域の社会経済的な存続に貢献し得る」と表現されている．

この表現にも明らかなように，多面的機能は**環境保全**と深く結びついたアイデアである．環境問題については第11章で述べるが，農業保護政策との関連で，**クロス・コンプライアンス**(cross-compliance)についてここで簡単にふれておこう．

クロス・コンプライアンスとは，所得支持などの環境保全とは異なる目的を有する直接支払いを受け取る条件として，農業の環境に与える影響に関して一定の基準の遵守を求めることである．後で述べるように，農業生産活動はそのまま無条件で多面的機能を発揮するとはいえない．化学農薬や肥料の多用は，かえって環境を汚染することさえある．

所得支持を主たる目的とする直接支払いを正当化するためには，農業生産以外の面，つまり環境保全を中心とする多面的機能の面での社会への貢献が求められる．クロス・コンプライアンスはそれを確実なものとするための重要な政策ツールとなっているのである．

ところでUR合意以後，各国の農業保護水準はどうなったであろうか．いくつかの指標で検討してみよう．

表7-5には，日本，アメリカ，EUのAMS(前掲109頁)の水準と削減実績とを示しているが，いずれも2000年までに20%削減という約束は期限前に果たし，その後はるかに大幅な削減を実現している．AMSという指標でみれば，UR合意の農業保護削減目標は十分に達成されたことになる．

しかしながら，AMSによる農業保護削減目標は，包括的関税化に比較して曖昧で複雑な問題を含んでいる．もっとも，AMS削減の基準年は1986-88年であるし，基準年のAMSの数値は各国の自己申告で出されたものであるから，

表 7-5　各国の AMS と削減率(2012 年)

	AMS 実績(億円)	AMS の農業産出額に対する割合(%)	基準年 AMS からの削減率(%)
日　　本(2003 年)	6,418	7	84
(2012 年)	6,089	7	85
アメリカ(2001 年)	17,516	7	25
(2012 年)	5,476	2	64
E　　U(2003 年)	40,428	12	54
(2012 年)	6,048	2	92

出所）農林水産省大臣官房国際部「WTO 交渉について」2016 年.

表 7-6　OECD 諸国の PSE(生産者支持推定量)　(単位：%)

	1986-88 年	2000-02 年	2016-18 年
日　　本	63	56	47
韓　　国	70	61	52
メキシコ	29	24	8
E　　U	39	33	20
ノルウェー	70	69	61
ス イ ス	76	67	55
アメリカ	21	21	10
カ ナ ダ	36	18	9
オーストラリア	10	4	2
ニュージーランド	10	1	1
OECD 合計	37	31	19

出所）OECD, *Agricultural Policy Monitoring and Evaluation 2019.*
注）2018 年は暫定値．またメキシコの 1986-88 年は 1991-93 年のデータ．

そもそも AMS が実際の農業保護度を示す正確な指標となり得るのかどうかということも問題視しなければならない．実際に，UR 合意以後も国内農業保護にはさまざまな政策手段が用いられている．

表 7-6 には **PSE**(Producer Support Estimate，生産者支持推定量)の農業生産額に対する比率を示している．PSE とは OECD(経済協力開発機構)が開発した農業保護度を総合的に示す尺度である．具体的には，消費者から生産者への所得移転(内外価格差)と，納税者から生産者への所得移転(財政支出)とを集計したも

のがPSEである．この指標でみると，農業保護水準はOECD全体としては低下してきているが，国別には大きな格差があり，まだかなり高い水準にとどまっている国もある．

こうしてみると，URが目標としてきた農産物の「世界一物一価」の実現は遠いといわざるをえないのが実情である．OECDに属するような所得水準の高い国では，一方に保護に対する政治的ニーズがあり，他方でそれを可能にする経済的余裕があるため，農業保護の大幅な削減はなかなかスムーズにはいかないのである．それでもなお，先に述べたように，UR合意がこうした国でも農業政策の改革を進める大きな契機となってきたことは確かである．

なお，AMSやPSEのような内外価格差に着目した農業保護度の比較は，商品の同質性を前提にしている．しかし，たとえば同じ牛肉といっても，日本の国産牛肉価格と国際価格とでは，関税で説明できる価格差を上回る乖離がある．もしその価格差に，日本の生産者の品質向上の努力と，国産に対する消費者の評価の高さに由来する「国産プレミアム」とが含まれているならば，内外価格差は必ずしもすべてが保護によるものとはいえない．

牛肉にかぎらず，日本の多くの農産物価格に「国産プレミアム」が含まれている可能性がある．その場合，内外価格差に基づく比較では保護水準が過大に見積もられている可能性があるが，この点の検証はまだ十分ではない．

また価格を支えるのではなく，生産者への直接支払いによって所得を直接補てんする政策を採用している場合，内外価格差では保護の程度は比較できない．そこで，農業所得に占める直接支払いの割合をみると，**表7-7**のように，EUでは農業所得の半分近くを占めており，日本の6%とはかなり差があることがわかる．

さて，UR合意にもとづく6年間の保護削減期間を終えた2000年12月，日本は「**WTO農業交渉日本提案**」をWTOに提出した．「多様な農業の共存する新たな時代に向けて」というタイトルをつけられたその提案には，貿易ルールは食料の安全保障とともに農業の多面的機能に大きなウェイトをおくべきとする哲学が示されている．この日本提案に対し，EUや韓国等は一定の支持を表明したが，アメリカやケアンズ諸国は，あらゆる農業保護の削減というWTO協定の長期目標に逆行する保護主義的な内容であるといった批判を示

表 7-7　日本と EU における農業者への直接支払額(2015 年)

	日　本	E　U
直接支払額(億円)	1,969	56,656
農業所得(億円)	32,892	125,692
農業所得に占める直接支払額割合(%)	6	45

出所）日本農業所得：農林水産省「生産農業所得統計」，日本直接支払額：WTO online database 中の Notifications(WTO 通報)による試算，EU 農業所得：Eurostat 中の Entrepreneurial Income，EU 直接支払額：EU 委員会農業総局ウェブサイト中の Income support breakdown.

した．

その翌年の 2001 年には，WTO 貿易交渉第 1 ラウンドの一部として新しい農業交渉がスタートした．その第 1 回目の会合がカタールのドーハで開催されたので，**ドーハ・ラウンド**(DR)と呼ばれている．また UR に比べてはるかに多い開発途上国が交渉に参加し，その発言力が大きくなったことから，**ドーハ開発アジェンダ**(Doha Development Agenda：DDA)と呼ばれることもある．

DDA は，UR と同じく国際経済関係の広範な領域にわたる交渉であり，UR もそうであったが，部分的な合意は認めず，すべての分野について包括的合意に達することなしには決着しないという前提でスタートした．

しかし，UR の頃は 119 あった参加国・地域の数が，DDA では多くの開発途上国が加わって 150 となり，大幅に増えたことから，DDA の進捗は UR よりもはるかに困難なものとなった．UR ではアメリカと EU の対立のほかに，食料の輸出大国であるオーストラリアなどのケアンズグループと，逆に輸入大国である日本・韓国が傍役(わきやく)をつとめたくらいであったが，DDA では中国・インド・ブラジルなどの新興国や多くの開発途上国が発言力を高め，利害の対立構造がはるかに複雑になっている．

農業交渉だけではなく非農産物の関税などに関しても，多数の開発途上国を含んだ利害調整は困難を極め，ついに DDA は 2006 年 7 月に交渉中断という事態におちいった．その後 2007 年 1 月に交渉が再開されたが，2008 年夏にも妥結に失敗して迷走し，2011 年以降は当初の目標だった包括的合意をあきらめた形で，分野ごとの部分的合意をめざした地道な交渉が続けられている．

第6節　FTAと地域経済統合

これまでのWTO交渉の経験からも明らかなように，経済構造や発展段階が異なる多くの国々の間で多角的な貿易自由化を進めることは多くの障害をともない，長期間の交渉が必要となる．

一方，少数の特定国・地域間で交渉する**FTA**(Free Trade Agreement：自由貿易協定)や**EPA**(Economic Partnership Agreement：経済連携協定)は，約150か国で包括合意をめざすWTO交渉に比べるとはるかに妥結に至りやすい．FTAとは，締結国間で物品の**関税撤廃**やサービス貿易の自由化をめざす協定であり，EPAとは，物品・サービス分野だけでなく投資，知的財産権，競争政策など幅広い分野での制度調和もめざす協定だが，一般にEPAと同じ意味でFTAの呼称が用いられることが多いので，本書ではFTAと総称する．

DDAの停滞に呼応するように，近年FTAが世界で急増している．その数は1960年には2つしかなかったが，90年代に約50が，2000年から現在までに約150が新たに発効した．特定国にのみ優遇条件を提供するFTAの増加は，それに属さないことによる損失(機会費用)を回避しようと，既存のFTAに参加したり別のFTAをつくって対抗しようとする動きを連鎖的に誘発するのである．日本も2002年1月のシンガポールとのFTA合意を皮切りに，多くの国と交渉を進めている．

こうした世界的な傾向は，もっと広い範囲での**地域経済統合**(広域のFTA)をめざす気運を高めている．とりわけ，世界最大の地域経済統合であるEUの欧州圏統合に対峙して，米州圏を形成しようとするNAFTA(北米自由貿易協定)が1994年に締結されて以降，日本を含むアジア圏はいかに連携すべきかという議論が活発化している．

特に近年大きな議論を呼んだのは，環太平洋パートナーシップ協定(Trans-Pacific Partnership Agreement，略称：**TPP**)である．TPPはもともと，シンガポール・ブルネイ・チリ・ニュージーランドという比較的小さな4か国が一体化して国際社会でのプレゼンスを高めることを目的とした「P4協定」(2006年発効)を土台にしている．これにアメリカが2008年に参加し，環太平洋地域の国々による貿易と経済の高いレベルの自由化をめざす拡大交渉が始まり，日本は2013年に交渉に参加して，最終的に12か国によって2016年に署名されたのがTPPである．

この合意で日本は「例外なき関税撤廃」こそ回避できたが，農産物の関税撤廃率は82％という従来にない高い水準となった．

しかし推進役であったアメリカの国内で，「格差社会を助長する」「国家主権が侵害される」「食の安全が脅かされる」などの反対世論が拡大したため，大統領選挙の争点となってすべての大統領候補がTPPからの離脱を公約する事態となった．そしてトランプ大統領が就任直後の2017年，アメリカは離脱を表明した．

アメリカの離脱後は，残り11か国による協定発効に向けた協議により，2017年に一部の規定を凍結したうえでの協定発効が大筋合意され，2018年にCPTPP（Comprehensive and Progressive Agreement for Trans-Pacific Partnership，通称TPP11）として署名に至った．日本では国会承認が完了した2018年末に発効した．

日本は，食料・農業についてはアメリカを含む元のTPPで合意した内容のほとんどを，アメリカ離脱後もそのまま残りの11か国に適用した．それによって日本との農産物貿易（特に牛肉や豚肉）において他の11か国より不利な条件に置かれたアメリカは，「失地回復」するための日米2国間の貿易協定交渉をほどなく開始し，牛肉・豚肉など一部の品目を含むかなり部分的な協定が2020年1月1日に発効した．

このほか，日本とEUとのFTAも元のTPP水準をベースとして，チーズなどの一部の品目でTPPを超える貿易自由化を含む形で合意し，2019年初めに発効した．これらを総合すると，元のTPPはアメリカの離脱で発効できなかったものの，日本にとっては食料・農業の貿易自由化による国内への影響は元のTPPを超えるレベルになることが懸念される．

一方アジア諸国中心の協定として，日中韓3か国にASEAN 10か国，それにオーストラリア，ニュージーランド，インドを加えた16か国によるRCEP（Regional Comprehensive Economic Partnership，東アジア地域包括的経済連携）の交渉も2013年から行われているが，2019年末時点でまだ妥結には至っていない．

しかし歴史を振り返ると，WTO の前身であるガットが戦後の 1947 年に締結された背景には，1929 年のアメリカの大恐慌を発端とする世界のブロック経済化と関税引き上げの報復合戦が最終的に第二次世界大戦につながったことへの反省があった．WTO はその精神を受け継いで，どの国にも無差別に関税その他の貿易障壁を取り払い，世界で 1 つの互恵的な多角的自由貿易体制の実現をめざしている．つまり WTO の基本精神は，戦争の反省から生まれた**無差別原則**にある．

したがって WTO は，特定の国・地域間で特恵的貿易ルールを締結する FTA を基本的に禁止している．ガット第 24 条は，関税撤廃の例外措置を極力減らすことを条件として例外的に FTA を認めているが，現実にはその条件を満たさない FTA が次々と締結されている．

FTA の数が増えるほど，特定の国・地域間で異なる多数の貿易ルールが錯綜して貿易が歪められ，かつ FTA の間での対立が生じる．このことから，FTA の増加は WTO が目標とする多角的自由貿易体制の障害（stumbling block）だとみなすのが WTO の基本的見解だが，逆に FTA の積み重ねは WTO の目標達成を促進するもの（building block）だという見解もある．

FTA によって域内国だけに関税が撤廃されると，本来は生産コストが最も低い域外国からの輸入が生産コストの高い域内国からの輸入に取って代わり，貿易を歪曲させる場合がある．これを**貿易転換効果**という．

一方，貿易自由化が新規需要を創出し，域内貿易を拡大させる効果を**貿易創出効果**という．貿易転換効果による経済厚生の損失が貿易創出効果による経済厚生の増大を上回る場合には，その FTA によって世界の経済厚生は悪化することになる．

さらに，WTO 協定下では問題とならない**原産地規則**（協定の域内国の産品であることを証明するルール）が，FTA においては必然的に重要な問題となる．FTA では特定国の産品だけに優遇措置を与えるので，その原産地を特定するために新たなコストが生じるのである．最近の FTA の甚だしい錯綜による取引コストの増大は，無視できない大きさになりつつある．

課　題

1. **表 7-4** で，玄米 1 トン当たり労働費用を各国について計算せよ．また労働費用が費用合計に占める割合を求めて比較し，その違う理由について考えよ．
2. **図 7-2** を参考にして，輸入割当の場合を作図せよ．
3. 多面的機能は，農業生産活動が農産物供給以外にもさまざまな社会的便益をもたらすこと，そしてそれらの便益が市場で販売し難いものであることという 2 つの要素を含むコンセプトである．ミクロ経済学ではこのような問題を「公共財」および「外部効果」として扱っている．多面的機能の具体的な内容が，公共財や外部効果とどう関連するか考えよ．
4. EU の CAP 改革については，B. ガードナー『ヨーロッパの農業政策』(前掲 44 頁)，またデカップリングないし直接支払いについては，岸康彦編『世界の直接支払制度』(農林統計協会，2006 年)を参照．
5. WTO ドーハ・ラウンドについては，服部信司『WTO 農業交渉 2004――主要国・日本の農政改革と WTO 提案』(農林統計協会，2004 年)を参照．
6. FTA の経済的影響の評価については，鈴木宣弘編著『FTA と食料――評価の論理と分析枠組』(筑波書房，2005 年)を参照せよ．また TPP(環太平洋パートナーシップ協定)などアジア太平洋地域における広域 FTA をめぐる動向の評価については，鈴木宣弘『食の戦争――米国の罠に落ちる日本』(文春新書，2013 年)を参照せよ．

第8章

世界の人口と食料

およそ200年前，イギリスの経済学者**T. R. マルサス**は，その著書『人口論』(初版1798年)において，次のように予言した．

> 人口は等比数列的に増加するが，食料生産は，等差数列的にしか増加しない．従って，人口増加はやがて必ず食料生産の増加を上まわり，食料の欠乏から，社会は絶望的な貧困と悪徳におちいる．

これが世界の人口と食料の問題に関する研究の歴史上最も有名な「マルサスの命題」であり，ここで「悪徳」というのは，戦争，飢餓，疫病，堕胎，幼児殺し，売春などのことである．

『人口論』の出版以来200年を経た現在，世界の人口と食料の実態はどうなっているのであろうか．「マルサスの予言は当たらなかった」――あるいはこれが，多くの人々の率直な感想であるかもしれない．実際に日本ではもう長い間，戦争も飢餓も身近にない平穏な時代が続いている．

しかし冷厳な統計データは，こうした実感が事実と反することを告げている．現在75億人を超えた世界人口の大部分は，マルサスがいう悪徳の支配する世界に暮らしているのであり，それが現実ではなく単なる悪夢に過ぎないと見えるのは，全世界ではほんの一握りの所得水準の高い国々に住む人々の誤った認識である．1人当たりGNI(国民総所得)が1万ドルを超えるような高所得国は，いわばこの地球上の別世界なのである．

人類はまだ，その歴史とともに古く最も根本的な問題である**食料問題**を解決できていない．そしてなお悪いことに，世界の食料問題は現在解決されていないだけではなく，将来それを解決する確かな方法も知られていないのである．

人類は食料不足とそれが誘発するマルサスの悪徳をひきずったまま，21世紀に歩み入るしかなかった．これが，世界の食料問題の現実なのである．ここには，農業経済学が全力を傾けて研究しなければならない最大の課題がある．

第1節　食料問題の3要因

世界の人口と食料の問題は，3つの要因に分けて考えることができる．それは，**世界の人口**，世界の農業の**食料生産力**，そして生産された**食料の分配**である．実際には，この3つの要因はそれぞれに独立ではなく，相互に複雑にからみ合っている．人口の増加率は食料生産力の成長と無関係ではないし，食料生産力の成長は食料の分配構造と無関係ではない．しかしながら，世界の人口と食料という難しい問題を理解するためには，とりあえずこの3要因を分けて考えるのがよい．

ここではまず，それぞれの要因の説明に入る前に，世界の食料問題の現状を明らかにしておこう．**FAO**(Food and Agriculture Organization：国連食糧農業機関)の推計によれば，2018年現在，世界には約8億2200万人の**慢性的栄養不足**に苦しむ人々がいる．これは世界の総人口のおよそ9人に1人に相当する．

FAOの推計方法についてくわしく説明することはできないが，それは2つの基本的なデータによる推計である．第1は，各国ごとの1人1日当たり**食事エネルギー供給量**(Dietary Energy Supply：**DES**)の統計である．

DESは，**食料需給表**(food balance sheet)から求められる．食料需給表は，食料問題を考える上で最も基本的な統計の1つであり，その内容は**表8-1**に例示したように，それぞれの国の食料生産量から始まる食料供給の流れをとらえたものである．

慢性的栄養不足人口の推計に用いられるもう1つの基本データは，**基礎代謝率**(Basal Metabolic Rate：**BMR**)である．基礎代謝率とは，人間がなにもしなくてもただ生命維持のために必要な食事エネルギーの量であり，性別・年齢・体重などによって個人差がある．FAOではBMRの1.54倍を境界値とし，これに満たない食事エネルギーしか摂取していない人々の数を慢性的栄養不足人口としている．

さて**表8-2**は，これらのデータから推計された世界の慢性的栄養不足人口を

表 8-1　世界食料需給表(2013 年)

	穀物	小麦	米	トウモロコシ
総生産量(百万トン)	2,523	708	495	1,017
在庫変化(百万トン)	−91	−16	−16	−55
総供給量(百万トン)	2,407	679	476	956
粗 食 料(百万トン)	1,029	458	377	125
食品加工用(百万トン)	95	8	7	48
飼 料 用(百万トン)	874	130	0	546
種 子 用(百万トン)	69	34	12	7
減 耗 量(百万トン)	107	28	27	41
そ の 他(百万トン)	235	22	18	189
1 人 1 年当たり食料(kg/年)	147	65	54	18
1 人 1 日当たり熱量(kcal/日)	1,292	527	541	147

出所) FAOSTAT.
注) 世界計のため輸出入の項は省略した.

表 8-2　世界の慢性的栄養不足人口

	1990-92 年	2000-02 年	2010-12 年	2015-18 年
世 界 計(億人, ( )は%)	10.15(19)	9.57(15)	8.70(13)	8.04(11)
うちアジア(先進国除く)(%)	25	18	14	11
うちサブサハラ・アフリカ(%)	34	32	28	22

出所) FAO.
注) % の値は居住人口に占める割合.

示している. これによると, 世界の慢性的栄養不足人口は 1990-92 年の約 10 億人から次第に減少しているとはいえ, 現在もまだ 8 億人を上まわっている. 21 世紀に入ってからも依然としてあまりにも多くの人々が栄養不足に苦しんでいる. 最初に述べたように, 人類はまだ食料問題を最終的に解決する方法を発見していないのである.

ところで, いまだこれほど多数の人々が空腹と飢餓に苦しんでいるのは, マルサスの予言したように, 人口の増加に食料生産が追いつかず, 世界の食料供給が絶対的に不足しているからであろうか. この質問に答えるためには, まず食事エネルギーの供給源, つまり食料とは何かを明らかにしなければならない.

図 8-1 は, FAO の「世界食料需給表」によって食事エネルギーの成分を計

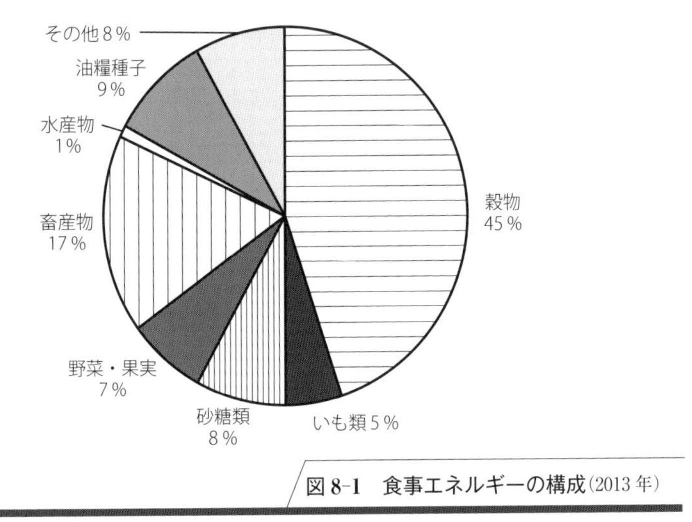

図 8-1　食事エネルギーの構成(2013 年)

出所）FAOSTAT.

算した結果である．これをみると，食料として最も重要なのが穀物であることがよくわかる．穀物は，それ自体として食事エネルギーないし摂取カロリーの45% を供給しているだけではなく，17% を占める畜産物も主として飼料穀物を用いて生産されるのであるから，この分を加えると，ほぼ 62% になる．

さて，**表 8-1** に一部分を例示した FAO の「世界食料需給表」によれば，2013 年の世界の穀物生産量は約 25 億 2000 万トンであり，そのうち食用(飼料用を含む)に供給されたのは約 20 億トンである．これを世界の総人口 72 億1000 万人で割ると，1 人当たり年間約 277 キログラム，1 人 1 日当たりでは約760 グラムとなる．

穀物 760 グラムは，食事エネルギーに換算すると 2000 キロカロリー以上になる量である．穀物以外の食料分を加えなくても，すでに BMR の 1.54 倍という境界値を超えている．

すなわち，食料問題の 3 要因のうち，世界の人口と食料生産力の 2 つの要因の関係からみるかぎり，食料はそれほど不足してはいない．もしすべての食料が全世界の人々に平等に分配されたとすれば，誰も食料の欠乏に苦しむことはないのである．8 億を超える人々に慢性的栄養不足をもたらしている直接の原因は，食料問題の第3の要因，すなわち食料の分配の問題にあることになる．

実際に，食用穀物がすべての人々に平等に分配されていないのは，明らかな事実である．それは，食用穀物のうち約35%が家畜の飼料として消費されていて，その肉や牛乳や卵などの畜産物は，主として所得の高い先進国の人々によって多く消費されているからである．

穀物が飼料用に使われるのは，畜産物が高い価格で売れるからである．そして先進国の購買力のある人々が価格の高い畜産物を消費するのは，それが穀物だけの食事よりも美味だからである．一方開発途上国の貧しい人々の中には，畜産物はもちろん穀物すら充分には買うことのできない人が少なくない．

こうして食料は不平等に分配され，1日3500キロカロリー以上を摂取できる人々と，BMRの1.54倍に足りない食事しか得られない人々とが同時代に存在することになる．現在の世界食料問題は，まさしく食料の分配という要因から生じている．

しかしこの事実は，食料の分配を変えることによって世界の食料問題を最終的に解決できることを必ずしも意味しない．なぜならば，食料の生産は食料の分配と無関係ではなく，この2つの要因は相互に深く依存し合っているからである．

現在，世界全体を大局的にみて，食料の生産と分配とは，共に**市場経済**のメカニズムによって行われているということができる．世界の人口を養うのに充分な食料を生産したのも，それを不平等に分配して8億もの栄養不足人口を作り出したのも，市場経済なのである．食料の生産と分配とは市場という1枚のコインの裏表であり，その一方だけを変えることはできない．

市場経済のもとで生産された食料のすべてを，たとえば政策の力で強制的に市場から切り離し，世界のすべての人々に平等に分配すれば，確かに目前の食料問題は一挙に解決する．しかしそれが最終的な解決とならないのは，食料を取り上げられた市場経済は，もはや効率的に食料を生産しなくなるだろうからである．

表8-3　世界の人口

年次	総人口(億人)	先進国の人口割合(%)	アフリカの人口割合(%)
1900	16.6	n. a.	n. a.
1950	25.4	32.1	9.0
2000	61.4	19.3	13.2
2010	69.6	17.7	14.9
2017	75.5	16.7	16.5

出所）UN, *World Population Prospects 2019.*

第2節　人口爆発と人口転換理論

人口に関する最も重要な事実は，世界の人口が20世紀の100年間のうちに，人類の歴史上それ以前とは比較にならない速さで増えたということである．それは**人口爆発**と名付けられるほどの急激な増加であった．

20世紀の初め，世界の人口は約16億人であったと推定されている．人類の誕生以来500万年の長い時間に16億人に達した世界の人口は，**表8-3**に示すとおり20世紀のわずか100年の間に，45億人近く増加した．特に20世紀後半の50年間の増加は急速であって，1950年の世界人口は25億人であったが，それ以後の50年間に36億人以上も増加して，2000年には61億人，2017年には75億人を超えるにいたった．

20世紀の世界人口がいかに急激に増加したかは，**図8-2**をみるとよくわかる．西暦元年以来15世紀ないし16世紀にいたるまで，ほとんど目立たないゆるやかな動きを続けていた世界人口は，18世紀に6億人を超えてから急激に増え始めた．それでもなお，人口増加数は18世紀には3億人，19世紀には7億人程度にとどまっていたが，20世紀には45億人に跳ね上がったのである．

もちろん，このような急激な変化は，人口だけについて起こったものではない．食料生産の増加なしに人口の増加はあり得ないから，20世紀には食料生産も驚異的な速度で増加したのである．人類の歴史上で，20世紀は未曾有の大発展期であった．

19世紀に始まる経済と社会の急激な発展は，後に第10章で述べるように近

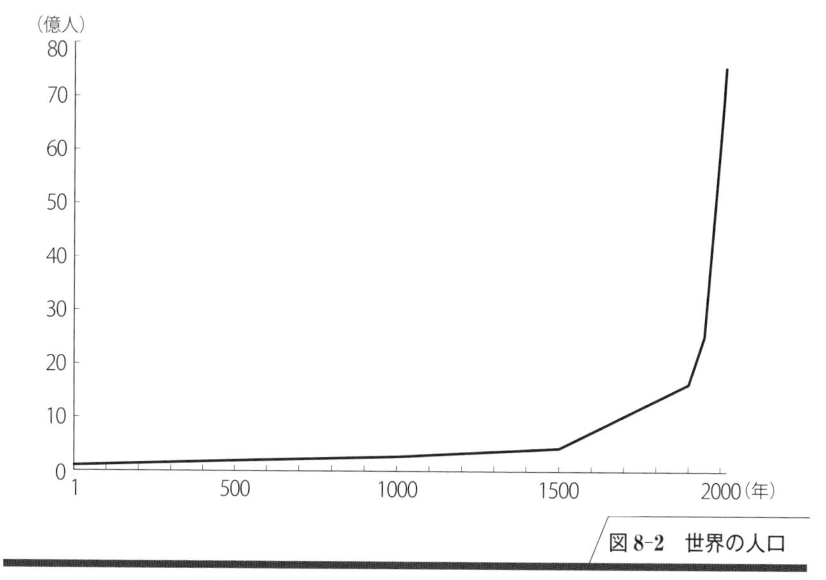

図 8-2　世界の人口

出所）1990 年までは C. McEvedy and R. Jones, *Atlas of World Population History*, Penguin Books, 1978 による推計．それ以後は国連の世界人口推計．

代的成長と呼ばれているが，この近代的成長は経済学ないし社会科学の全体に対して 2 つの重要な問題を提起した．その 1 つは，20 世紀においてなぜそのような大発展が起こったのかという問題であり，もう 1 つは，21 世紀においてこの急激な発展ないし変化がどうなるであろうかという問題である．

この 2 つの問題は，いうまでもなく相互に深く関連している．21 世紀について知ることは，人類の運命に関わる重大な課題であるが，その解答を求めるには，まず 20 世紀について充分に知ることが必要である．

さて世界の人口に関していえば，その増加の原因は 2 つの要因に分けられる．すなわち，

人口増加率＝出生率－死亡率

という式から，出生率と死亡率の変化によって人口の変化が説明される．そしていうまでもなく，20 世紀における人口の爆発的増加をもたらした最大の原因は，死亡率のドラスチックな低下である．

表 8-4 では，1950 年代と 2010 年代の出生率と死亡率，人口増加率を比較し

表 8-4　出生率・死亡率・人口増加率

（単位：%）

	出生率		死亡率		人口増加率	
	1950-55 年	2010-15 年	1950-55 年	2010-15 年	1950-55 年	2010-15 年
世界計	3.9	2.0	2.0	0.8	1.9	1.2
先進国	2.3	1.1	1.1	1.0	1.2	0.1
開発途上国	4.6	2.2	2.4	0.7	2.2	1.4
中国	4.5	1.3	2.4	0.7	2.1	0.6
インド	4.5	2.0	2.7	0.7	1.8	1.3
アフリカ	5.1	3.7	2.8	1.0	2.2	2.7
サブサハラ・アフリカ	5.0	4.1	2.9	1.1	2.1	3.0

出所）表 8-3 に同じ.

ている．この期間において，世界全体の平均死亡率は 2% から 1% 以下に低下している．表をくわしくみると，中国，インド，アフリカなどで 50 年代には先進国の 2 倍を上まわっていた死亡率が，2010 年代には先進国とほぼ同じかもっと低い水準にまで低下したことがわかる．この間に出生率も低下し，その結果として世界全体の出生率と死亡率との差は，50 年代の 1.9% から現在の 1.2% にまで低下した．この 1.9% ないし 1.2% が**人口増加率**であることはいうまでもない．

表 8-4 によると，先進国と開発途上国の出生率には著しい差がある．つまり 1950 年代から約半世紀の間に，開発途上国の死亡率はほぼ先進国の水準まで低下したのに，出生率はまだ先進国の 2 倍，とりわけサブサハラ・アフリカの出生率は高く先進国の 4 倍近くもある．20 世紀後半の世界人口の爆発的増加は，地域的に大きく偏って生じたのである．

20 世紀後半の 50 年間における世界人口増加率は年平均で約 1.4% であった．ここで 1.4% という人口増加率について少し説明しておきたい．1 年に 1.4% の人口増加はそれほど高いものには感じられないかも知れないが，一定率での増加，すなわちマルサスのいう「等比数列」は，長い間には驚くべき結果に到達するのである．そして人口の問題は，50 年とか 100 年とかいう長期の問題として考えなければならないが，年率 1.4% で増加すると，人口は 50 年で 2 倍，100 年では 4 倍となる．長期の等比数列的増加において，1.4% というのは非

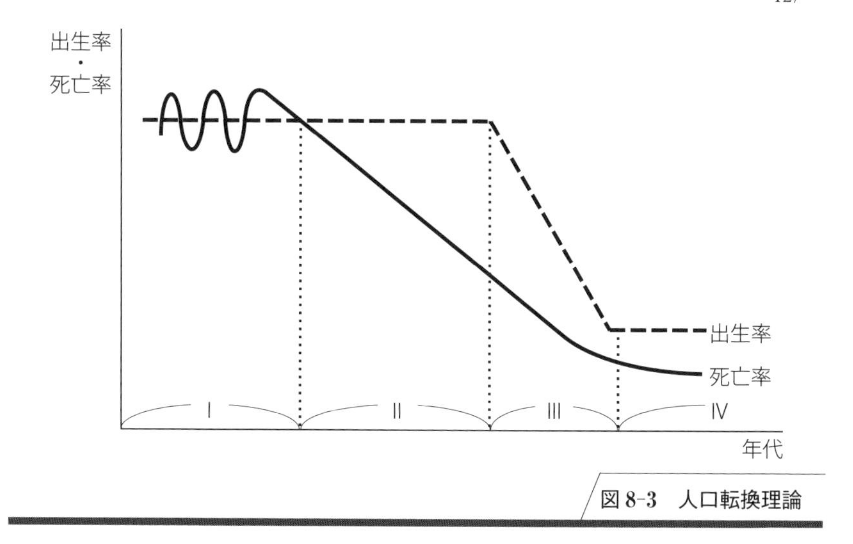

図 8-3　人口転換理論

常に高い数字なのである．

さて，死亡率の低下は，比較的説明しやすい要因である．もちろん厳密に数量的にその原因を示すことは難しいが，医学，薬品，衛生，栄養などの進歩が死亡率低下の主要な原因であることは，誰にも明らかであろう．

問題は出生率である．死亡率については，その低下が望ましいことは明らかであり，死亡率の低下はすべての国に共通する政策目標である．**表 8-4** に示されている開発途上国の死亡率の低下には，先進国の援助や協力が大きく貢献している．

これに対して出生率の方は，それがどのような水準にあるのが望ましいのかということが 1 つの重大な問題であるのみならず，避妊その他の手段によって出生率を人工的ないし政策的にコントロールすること自体も意見の分かれる問題である．つまり，死亡率の低下については人々の選好は一致しているので，それを共通の政策目標とすることができるが，出生率については人々の選好が一致するとは限らず，共通の政策目標を立てることができるかどうかもわからない．

ただし歴史的には，現在の先進国のすべてが，死亡率の低下に続いて出生率の低下を経験している．それが最も早く起こったイギリス(イングランド)では，

1750年頃から死亡率の着実な低下が始まり，その傾向は1930年頃まで約200年間続いた．そのうち1880年頃までの130年間は出生率が目立って低下せず，人口は急激に増加した．しかしその後は，出生率も死亡率に近い水準まで下がって，人口は停滞状態に落ち着いた．

これを1つのモデルとしたのが，**図8-3**に示すいわゆる**人口転換理論**である．この図は単純化したモデルであるが，第Ⅰ期は出生率も死亡率も高い多産・多死の状態を示している．死亡率は飢饉や疫病によって不規則に変動するが，平均的には出生率が死亡率をわずかに上まわる程度で，人口増加率は非常に低い．この状態が人類の誕生以来ごく最近まで続いたことは，すでに述べたとおりである．

死亡率の傾向的低下が始まることによって，人口の歴史は第Ⅱ期に入る．産業革命と農業革命によって食料供給が増加し，栄養状態がよくなったこと，上下水道の整備などによって衛生状態が改善されたこと，そしてジェンナーによる種痘の発見，パスツールやコッホによる病原菌の発見などの医学の進歩が，第Ⅰ期から第Ⅱ期への転換をもたらした．

多産・少死の第Ⅱ期は，出生率の低下によって第Ⅲ期に入り，少産・少死の第Ⅳ期にいたるのであるが，その転機となる出生率の低下の原因は，死亡率の低下ほどには明らかではない．しかしともかく，イングランドが経験したのとほぼ同じような出生率・死亡率の推移が，これまでのところすべての先進国で起こっている．その意味で，人口転換理論は1つの歴史的法則ないし経験法則であると言えなくはない．

ただすでに述べたエンゲルの法則やペティ＝クラークの法則と違って，人口転換理論の示す出生率の低下には，歴史的経験という以外の根拠がない．子供を産むか産まないかという個人の選択に関して，所得の上昇と子供の数を結びつけるはっきりした理論はないのである．

共産党政権下にあって強力な人口政策をとっている中国を別にすると，現在までのところ開発途上国の出生率はそれほど低下していない．**表8-4**にみるとおり，インドやアフリカではまだ出生率が2%から4%ほどもある．21世紀においてこれらの国の出生率がどうなるかは，世界の食料問題にとって決定的に重要な問題である．

第3節　食料の生産

ここでは穀物の生産だけについて説明する．もちろん食料は穀物だけではなく，各種のいも類や野菜・果物も重要である．また所得が上昇するにつれて，実際に食卓で消費されるのは，穀物ではなく畜産物やその加工品が多くなる．

しかし人間の生命の維持という食料の基本的な役割に関する限り，穀物の生産が決定的に重要であることは，**図8-1**によって説明したとおりである．近年の先進国における食料消費の成熟と食品加工を中心とする食品産業の発展に関しては，次の章でくわしく述べるが，いつの時代にもすべての食料生産の基礎である穀物生産の重要性には，何の変化もないのである．

さて，穀物の生産過程については，すでに第4章で理論的に説明した．そこでは穀物の生産過程を収穫逓減の法則が支配するBC過程と，規模の経済性が重要になるM過程とに分けて述べたが，世界の人口と食料について考えるときに重要なのは，いうまでもなくBC過程の方である．

穀物の生産量は，単位面積当たり平均生産量である収量に，作付面積(耕地面積)を掛けて求められる．その場合，収量を技術的最大可能収量(**図4-1**参照)に入れ替えれば，与えられた技術のもとで世界の農業が生産可能な最大生産量が得られる．すなわち，

最大可能穀物生産量＝技術的最大可能収量×耕地面積

である．これは，農業技術と耕地面積という資源の制約からみて，最大限どれだけの穀物が生産可能であるかを示す式である．この式で与えられる**最大可能穀物生産量**は，技術と資源の制約からくる世界の人口扶養力の限界を示している．

もし人口がこの限界を超えて増加していくとすれば，人類は経済や社会のシステムではどうすることもできない食料不足に直面することとなる．これは，経済や社会の問題ではなく，技術と資源の制約からくる不可避の結果であるという意味で，しばしば**マルサス的食料問題**と呼ばれる．

もし収量を経済的最適収量(**図4-2**参照)にとれば，それに耕地面積を掛けて

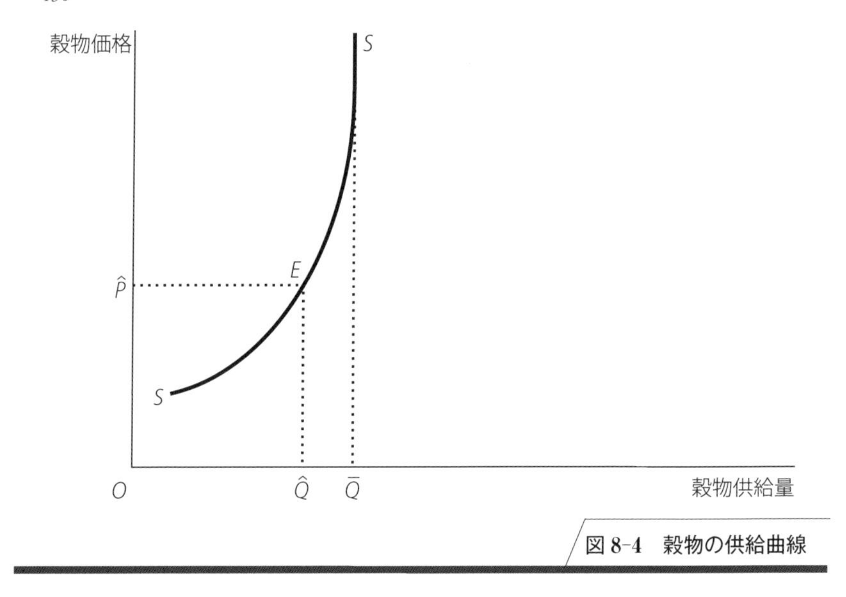

図 8-4　穀物の供給曲線

求められるのは，市場経済のシステムにおける穀物の供給量である．すなわち

穀物供給量＝経済的最適収量×耕地面積

となるが，第 4 章で説明したように，経済的最適収量は，穀物の価格が高くなれば大きくなり，また肥料の価格が安くなっても大きくなる．つまり，穀物供給量は，穀物価格と肥料価格の高低に応じて変化する．この関係を示すのが穀物の供給曲線である．

図 8-4 は，肥料価格をはじめとするその他の事情を一定として，穀物の価格と供給量の関係としての供給曲線を示している．この図では，横軸の $\overline{Q}$ のところで供給曲線が垂直になっているが，これが技術と資源の制約からくる最大可能穀物生産量の限界を示すものであることはいうまでもない．この限界までは，穀物の価格が上昇すれば，市場経済のメカニズムが働いて穀物供給量は増加する．もし価格が $\hat{P}$ であれば，$\hat{Q}$ が穀物の供給量となる．

さて，もう一度穀物の生産量の基本式にもどってみよう．

穀物生産量＝収量×耕地面積

表 8-5　世界の穀物生産の年平均増加率 (単位：%)

期　間	穀物生産量	収　量	収穫面積
1961-70 年	3.1	2.7	0.4
1971-80 年	2.7	2.0	0.6
1981-90 年	2.3	2.5	−0.1
1991-00 年	0.5	1.1	−0.5
2001-10 年	1.8	1.5	0.3
2011-17 年	2.7	2.0	0.8
全 期 間	2.2	2.0	0.2

出所）FAOSTAT.

この式を変化率の式に直すと，

穀物生産増加率＝収量増加率＋耕地面積増加率

となる．**表 8-5** は，実際のデータを用いて上の式の各項を計算した結果である．面積については耕地面積の代わりに，実際に生産が行われた収穫面積を示している．

表によると，1961 年から 2017 年にいたる約半世紀の間，世界全体の穀物生産量は年平均 2.2% で増加してきた．先に，ほぼ同時期の世界人口の年平均増加率が 1.4% であって，これが非常に高い増加率であると述べたが，穀物生産量はそれを上まわる速度で増加してきたのである．反面からいえば，穀物生産量の驚異的な増加があったから，人口が爆発的に増えたともいえる．

穀物生産量の増加は，ほとんど収量の増加によってもたらされた．一方面積増加の役割は小さく，特に 1980 年代から 90 年代の収穫面積はむしろ減少している．全期間を通してみると，収量の年平均増加率は 2% で，穀物生産量の年平均増加率 2.2% のほぼすべてが収量の増加分である．

近年における収穫面積の減少の主な原因は，先進国における生産制限政策である．技術ないし資源の観点からみて，世界の農用地になお拡大の可能性があるかどうかについては，のちに第 11 章で説明する．

収量の増加には，2 つの原因がある．1 つは穀物価格の上昇(ないし肥料価格の下落)であるが，もう 1 つは，収穫逓減の法則そのものを変化させる**農業技**

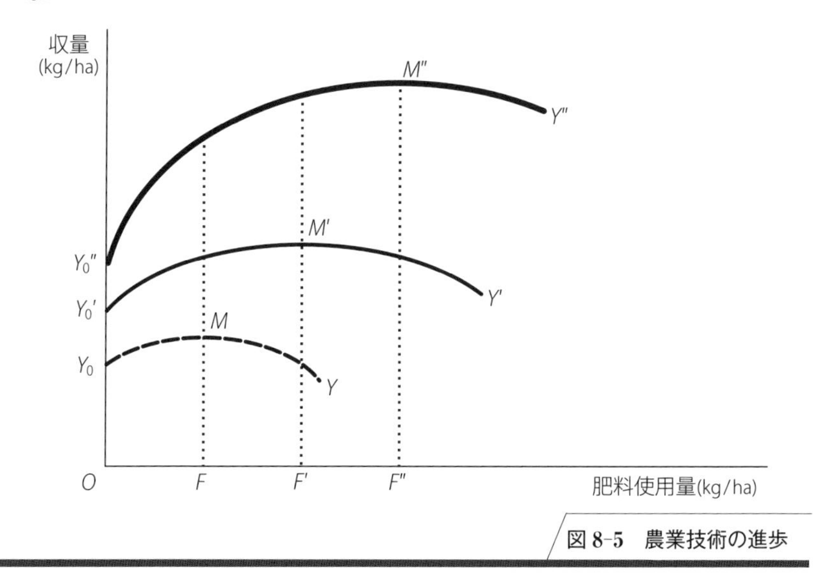

図 8-5　農業技術の進歩

術の進歩である．

図 8-5 は，農業技術の進歩を示したものである．収穫逓減の法則を示す肥料反応曲線が Y から Y'，Y' から Y'' にシフトしてゆくと，技術的最大可能収量も M，M'，M'' と高くなってゆく．図には示していないが，農業技術の進歩にともなって，経済的最適収量も上昇してゆくのは当然である．

農業技術の進歩には，品種の改良，病害虫対策の向上，栽培方法の改善など，いろいろな内容が含まれている．しかしその中心は**品種改良**であり，**図 8-5** の 3 本の肥料反応曲線は，それぞれ別の品種を示していると考えることができる．

品種改良は，1960 年代後半から，アジアと南アメリカの熱帯地域において**緑の革命**として知られている驚異的な穀物の増産をもたらした．緑の革命の成果については，第 10 章で述べる．

第 4 節　食料の分配

ここでも簡単のために，穀物だけを考えることにする．また世界の人口を先進国人口と開発途上国人口とに分けて，その間での食料分配のメカニズムを説

表 8-6　穀物の分配(2016 年)

	人口割合 (%)	穀物利用量割合 (%)	1 人当たり穀物利用量 (kg/年)
先 進 国	17	35	719
開発途上国	83	65	267
世 界 計	100	100	343

出所) OECD statistics; UN, *World Population Prospects 2019.*

表 8-7　1 人 1 日当たり栄養水準(2013 年)

(単位：kcal)

	食事エネルギー摂取量	動物性食品からのエネルギー摂取量
アメリカ	3,682	984
イギリス	3,424	980
ロ シ ア	3,361	843
ブラジル	3,263	826
中　　国	3,108	724
日　　本	2,726	547
タ　　イ	2,784	351
イ ン ド	2,459	235
エチオピア	2,131	126
ナイジェリア	2,700	103

出所) FAOSTAT.

明しよう.

具体的には**表 8-6** のように，約 17% の先進国人口と約 83% の開発途上国人口とが，世界の穀物生産量をそれぞれどれだけ消費しているかという問題である．OECD(経済協力開発機構)のデータによれば，2016 年の世界の穀物利用量(飼料用を含む)は 1 人当たり年間 343 キログラムであるが，その分配は，開発途上国の人々には 1 人当たり 267 キログラム，先進国の人々には 719 キログラムとなっていて，ほぼ 1 対 2.7 の格差がある．

このように穀物が不均等に分配されているのは，すでに述べたように，穀物の大きな割合が家畜の飼料として使われており，かつ畜産物が主として先進国の人々によって消費されているからである．**表 8-7** をみると，先進国と開発途上国では，1 人 1 日当たりの食事エネルギー摂取量にも差があるが，決定的に

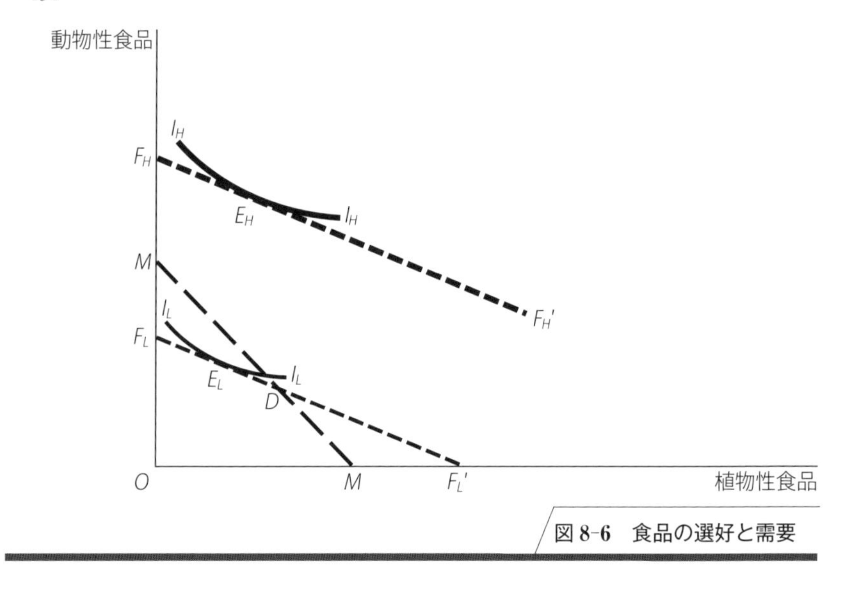

図 8-6　食品の選好と需要

違うのは，動物性食品の摂取量である．

例としてアメリカとナイジェリアを比較してみると，1人1日当たりの食事エネルギーの摂取量格差は1.4倍ほどであるが，肉類の摂取量格差は約10倍である．穀物の分配格差が，主として畜産物の消費量の差にもとづくものであることは明らかである．

以上のような分配の結果は，基本的には市場経済のメカニズムによってもたらされている．ミクロ経済学の「無差別曲線(indifference curve)」の理論を用いて説明してみよう．**図 8-6**では，先進国と開発途上国の1人当たり食事予算線が，それぞれ $F_H F_H'$，$F_L F_L'$ で示されている．図の横軸は植物性食品，縦軸は動物性食品の消費量を，どちらもカロリー単位で示している．カロリー当たりでみると，動物性食品の価格は植物性食品の価格よりもはるかに高いから，その予算線の勾配の絶対値は1より小さい．

ここで食品の好みについては，先進国と開発途上国とで同じだとみてもさしつかえない．実際には国によって食習慣に違いはあるけれども，ここでは所得水準の差だけを問題にしているのだから，無差別曲線で示される食品の選好そのものを区別する必要はないからである．

図でMMは，生存のために最小限必要な食品摂取量(カロリー量)を示している．MMの下の部分は，好みの問題以前に生存条件を満たせないので選択の対象にならない．だから開発途上国の人々にとっては，現実の食品選択はDF_L'上で行われることとなる．

図では，仮に無差別曲線が点E_Lで予算線に接するようにしてあるが，実際にはこの部分には通常の意味の無差別曲線は存在せず，生存条件を満たせない点E_Lではなく，MM上の点Dが選択されることとなる．実際問題として，開発途上国の多くでは点Dの近くが選ばれているものと考えられる．つまり最小限必要なカロリーを摂取する範囲内で可能となる，最大限の畜産物を食べているということである．

先進国の食事予算線F_HF_H'は，MMよりもずっと上にあるから，その食品選択の問題は一般のミクロ経済学の理論と特別に違うところはない．図ではE_Hが選択されている点である．

さて以上のようにして，ある予算線と価格のもとで，先進国・開発途上国それぞれの食品購入量が決まったとする．それは植物性食品(穀物)と動物性食品(畜産物)とからなっているが，畜産物は飼料穀物に還元されるから，両方を合計して穀物の量で表すことが可能である．この場合の換算係数は，もちろん畜産物の種類によっても異なるが，だいたい5倍から7倍とするのが普通である．これを式で示すと，

総穀物カロリー需要量
　＝食用穀物カロリー需要量＋畜産物カロリー需要量×換算係数

となる．この式のカロリーを穀物の数量(キログラム)に換算すれば，食用穀物と飼料用穀物の合計として，総穀物需要量が求められる．

図8-6のモデルから，以上のような換算をした上で，先進国と開発途上国の1人当たり総穀物需要曲線を，**図8-7**のように描くことができる．**図8-7**では縦軸に穀物の価格，横軸に飼料用を含む1人当たり総穀物需要量をとっている．穀物価格を$\hat{P}$とすると，先進国と開発途上国の1人当たり総穀物需要量はそれぞれQ_H, Q_Lのようになる．

穀物の価格が高くなると，Q_HとQ_Lの差は大きくなり，価格が安くなると

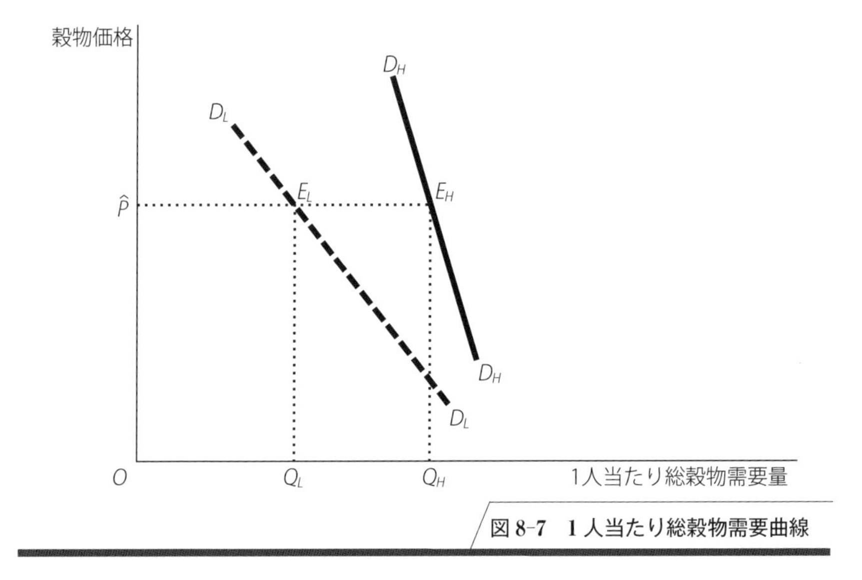

図 8-7　1 人当たり総穀物需要曲線

小さくなる．それは，先進国では食品需要の価格弾力性が比較的小さいのに対して，開発途上国では，穀物価格の上昇とそれにともなう畜産物価格の上昇が食事予算線を引き下げ，畜産物の消費量が減少してしまうからである．

図 8-7 は 1 人当たりの需要曲線であるが，これを先進国と開発途上国別にそれぞれの人口分だけ加え合わせると，**集計需要曲線**となる．さらに先進国の集計需要曲線と開発途上国の集計需要曲線を加え合わせると，世界穀物市場の**市場需要曲線**(market demand curve)になる．これが**市場供給曲線**と交わる点が，世界穀物市場の均衡点となる．

図 8-8 が，世界穀物市場の均衡を示したものである．供給曲線 SS は，**図 8-4** で示したものと同じである．需要曲線 DD は，先進国の集計需要曲線 $D_H D_H$ と，開発途上国の集計需要曲線 $D_L D_L$ を横に加え合わせたものである．

DD と SS の交点 E で価格 $\hat{P}$ と生産量 $\hat{Q}$ が決まると，$\hat{Q}$ は先進国と開発途上国に分配される．この分配も価格 $\hat{P}$ と，それぞれの集計需要曲線との交点によって，Q_H と Q_L に決まるのである．

世界穀物市場の需要と供給のメカニズムによって穀物価格 $\hat{P}$ が決まると，先進国と開発途上国それぞれにおける 1 人当たり総穀物需要量が，**図 8-7** のよ

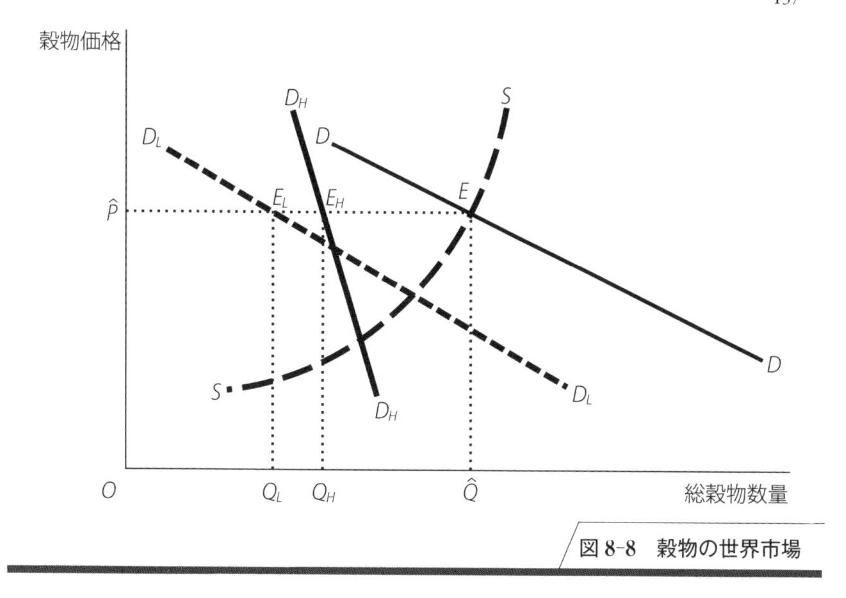

図 8-8　穀物の世界市場

うにして決まる．この全体が，現在の食料分配の基本的なメカニズムとなっているのである．

以上の説明は，世界の穀物市場が一物一価の成立する単一の自由取引市場であると仮定した場合のものである．現実にはさまざまな政策的介入があるため，必ずしも一物一価が成立していないことは，第 7 章で述べたとおりである．

しかし図 8-8 が現在の世界穀物市場の基本的なメカニズムであることは事実といってよい．そして最も重要なのは，このメカニズムのもとでは，食料の生産と分配とが切り離し難く結びついていることである．食料の分配は，食料の生産と共に，食料市場の相互に依存し合った 2 つの側面なのである．生産と切り離して分配を変えることによって食料問題を解決することが，簡単にはできないことだという点を理解するところから，世界の食料問題の研究がスタートするのである．

課　題

1. 読者それぞれに，自分は子供が欲しいかどうか，何人欲しいか，その理由は何か考えよ．次に，なぜ先進国で出生率が低く，開発途上国で高いかを考えよ．

2. **図 8-8** で，供給曲線と先進国の需要曲線をそのままにして，開発途上国の需要曲線 $D_L D_L$ が右上に平行移動したとするとどうなるか，実際に作図してみよ．またそのとき**図 8-7** および**図 8-6** はどうなるのか考えよ．
3. 全世界のすべての人に穀物を同じ量だけ配分する具体的な方法を考えよ．
4. **図 8-6** の飢餓水準下の消費者行動については，生源寺眞一『現代日本の農政改革』(東京大学出版会，2006 年)の序章および第 9 章を参照せよ．
5. 穀物の食用(飼料用を含む)以外の用途として，近年エタノール化が増えている．2012 年にはアメリカが生産するとうもろこしの 45%，約 1 億 1800 万トンがエタノールに用いられたが，これはエタノール化が急増し始めた 2006 年の 2 倍の量である．また中国やブラジルでもバイオマス(biomass．動植物が合成する有機性資源量)のエネルギー源としての利用が進んでいる．バイオエタノール問題については，服部信司編『世界の穀物需給とバイオエネルギー』(農林統計協会，2008 年)および，鈴木宣弘・木下順子『食料を読む』(日本経済新聞出版社，2010 年)第 2 章を参照せよ．バイオマスについては第 11 章でも述べる．
6. 世界の人口と食料については，FAO 編／国際農林業協働協会訳『世界の食料不安の現状 2013 年報告』(同協会，2014 年)および，西川潤『データブック人口』，同『データブック 食料』(岩波ブックレット，2008 年)に基本データが整理されている．

第9章
食生活の成熟とフード・システム

農業は食料を生産する産業である．人類の生存を支えているのは，広大な農地と，そこにそそぐ太陽エネルギーと雨水を利用して生産される穀物である．人類の歴史が始まって以来この事実は変わっていないし，また21世紀を通じても変わることはないだろう．

しかしながら，経済成長にともなって，食料を生産する農場と，食料を消費する消費者の間には，さまざまな流通や加工のプロセスが加わるようになった．現在の豊かな国々では，農場と消費者の間を結ぶ**食品産業**の役割は非常に大きくなっている．そして農業(および漁業)と食品産業とをあわせて**フード・システム**(food system)と呼ぶようになった．

農業は，食品流通業と食品加工業と共にフード・システムの一部をなしている．農場から消費者までをつなぐフード・システムは，**フード・チェーン**(food chain)と呼ばれることもある．農業はいうまでもなく，フード・チェーンの最初の一環である．

経済成長にともなって，しだいに食品産業が大きくなり，フード・チェーンが長くなったのは，食生活が変化したからである．経済的に貧しい国々では，ほとんど農場で収穫されたままの形の穀物や野菜が消費者の台所にとどいているが，豊かな国では，穀物は飼料となってまず肉や牛乳に姿を変え，さらにハムやチーズに加工されて，いろいろなパッケージをまとって消費者の手にたどりつく．

食料消費に占める外食の割合も高くなった．豊かな国の消費者は，生存のための栄養として食料を口に入れるというよりも，豊かな生活の一部として食事を楽しんでいる．そうした需要に合わせて，さまざまなタイプの食料品店や飲食店が，食料という「財(goods)」と共に，調理やその他の「サービス(service)」を販売している．

とはいえ豊かな国の成熟した食生活にも問題がないわけではない．巨大な産業に成長したフード・システムは，確かに効率的ではあるが，その強い市場支配力によって，消費者の選好そのものをリードするという**生産者主権**の危険性をもたらした．また，過剰な包装や使い捨ての容器などが増え，資源の浪費と環境の汚染という問題も生じている．

第1節　食生活の成熟

経済成長によって所得が上昇し家計が豊かになると，家計費に占める飲食費の割合は小さくなる．これは第2章で述べたエンゲルの法則である．

エンゲルの法則は，家計費が豊かになるにつれて，消費支出の対象となる財やサービスが，生存のための必需品である食料の枠を越えてしだいに広がってゆくことを示している．飲食費の割合は小さくなり，美しい洋服や高級な家具，そして教養・娯楽のための支出などが増加する．

けれどもエンゲルの法則は家計費全体に占める飲食費の割合が低下することをいっているのであって，飲食費の支出額そのものが減少するわけではない．家計費が豊かになるにつれて，むしろ飲食費の支出額もだんだん多くなるのである．

しかし人間の食物消化能力には限界があって，いくらでも多く食べられるものではない．飲食物の消費量は限られている．実際に食事エネルギーの量(1人1日摂取カロリー)でみると，もちろん国によって差はあるけれども，どこの国でもある水準に達するとそれ以上はほとんど増加しなくなる．

食料の摂取量が充分に必要をみたす水準に達する点から，**食生活の成熟**が始まる．それ以降も飲食費支出は増加するが，あるレベルで量的には飽和し，消費される食料の量は増加しない．飲食費の増加分は，購入量の増加ではなく，次の2つの面に支出されるようになるのである．

第1の面は，いうまでもなくより高価で質の高い食品の購入である．穀物よりも畜産物，畜産物の中でも高級で美味な肉，飲み物も上質のワインやブランデーというように，飲食費支出の内容が変化してゆく．この傾向は**食品の高級化**と呼ぶことができる．

表 9-1　食事エネルギーの単価(日本)

年次	1人1日当たり				食事エネルギー損失率(%)	食事エネルギー単価(実質)(円/100 kcal)
	食事エネルギー供給量(kcal)	食事エネルギー摂取量(kcal)	食料消費支出額(実質)(円)	外食費割合(%)		
1960	2,290	2,096	632	—	8	30
1970	2,530	2,210	784	10	13	35
1980	2,563	2,119	875	14	17	41
1990	2,640	2,026	916	16	23	45
2000	2,643	1,948	873	18	26	45
2010	2,447	1,849	835	18	24	45
2017	2,445	1,897	838	18	22	44

出所）供給量：農林水産省「食料需給表」．摂取量：厚生労働省「国民健康・栄養調査」．消費支出額：総務省統計局「家計調査」(2人以上世帯)．

注）食料消費支出額の実質化には食料消費者物価指数(2015年＝100)を用いた．
食事エネルギー損失率＝(供給量－摂取量)／供給量．
食事エネルギー単価＝実質食料消費支出額／摂取量．

第2の面は，食品という財よりも，それに付加されているさまざまなサービスを購入することである．たとえば，米を買う代わりにご飯を買う．これは米という財に「炊飯」というサービスが付加された商品を買っているのである．豚肉を買う代わりにトンカツを買ったり，野菜を買う代わりにサラダを買うのも，また食品を買う代わりにレストランで食事をするのも同じことである．

素材としての農水産物に加工や調理などのサービスを加えると，そこに新しく経済的な価値が生み出される．これが「付加価値」である．そこで，食料消費の第2の面は，**食品の高付加価値化**と呼ぶことができる．

高級化と高付加価値化という2つの傾向を示す最も基本的なデータは，食事エネルギー摂取量1単位当たりの支出金額，つまり食事エネルギーの単価の上昇である．**表 9-1** がそれを示している．

日本における1人1日当たりの食事エネルギー摂取量は，1970年頃をピークに減少基調に転じた．日本ではこの頃から食生活の成熟がスタートしたといえる．一方で1人1日当たりの食料消費支出額の増加は1990年代初頭まで続き，この結果として食事エネルギー100キロカロリー当たりの単価は，1960年の30円から90年には45円へと上昇している．

所得水準が高くなり，食料消費が量的には飽和し，食生活が成熟段階に達す

表 9-2　家庭内食料消費量に占める生鮮・未調理品の割合(イギリス)
(単位：%)

	1980 年	1990 年	2000 年
穀物製品中の小麦粉	23	14	9
肉製品中の未調理品	68	55	55
魚介製品中の未調理品	31	26	25
野菜・果物製品中の生鮮品	79	70	70

出所）DEFRA, *National Food Survey*.
注）穀物製品はパンを除く．肉製品および魚介製品の未調理品には冷凍品・未調理加工品(ソーセージなど)を含むが，野菜・果物の生鮮品には冷凍品・加工品を含まない．

ると，**食料消費構造**(food consumption pattern)にはいくつかの特徴のある傾向がみられるようになる．そのうち最も重要で，多くの先進国に共通にみられるのは，**多様化**と**簡便化**という 2 つの傾向である．

食料消費構造の多様化は「少品目の大量消費から多品目の少量消費への変化」と定義することができる．日本でいうと，ほとんど米飯だけだった主食にパンやパスタなどが加わったり，緑茶の消費が減って紅茶やコーヒーなどの消費が増えたりするのが典型的な多様化の例である．ビーフ一辺倒だったアメリカの食肉消費も，1970 年代以降しだいに多様化して，ポークやチキンの割合が多くなっている．

食料消費構造の簡便化は，「食料消費のための家事労働の減少傾向」と定義することができる．さまざまな加工食品や調理食品，そして外食の増加は，先進国のどこにでもみられる傾向である．

表 9-2 は，イギリスのデータで，家庭内での食料消費に占める生鮮品および未調理品の数量割合を示したものである．表は，1980 年から 2000 年にいたる 20 年間の変化であるが，1980 年にはイギリスではすでに簡便化が相当進んでいることがわかる．

簡便化の最も進んだ形態は，いうまでもなく**外食**である．**図 9-1** は，日本とアメリカについて飲食費の総額に占める外食費の割合を示したものである．1965 年には日本の外食費の割合は 10% にも達していなかったが，アメリカではすでに 30% に近かった．現在は日本でも外食費割合がずいぶん高まったが，まだ 18% ほどで，アメリカでは約 50% に達しており，やはり相当の格差があ

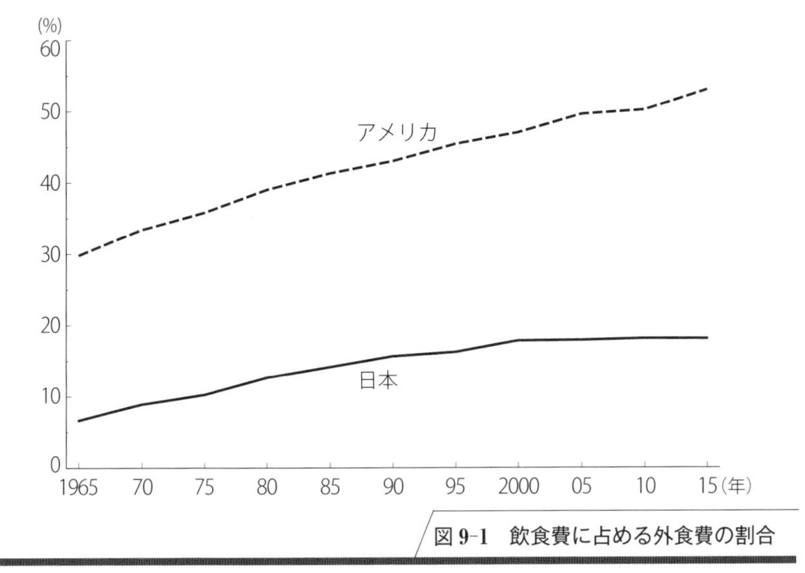

図 9-1　飲食費に占める外食費の割合

出所）日本：総務省統計局「家計調査」(2 人以上世帯).
アメリカ：USDA ERS, *Food Expenditure Series.*

る.

この例でもわかるように，成熟段階に達した後の食料消費構造には，多くの高所得国に共通する面があると同時に，単に所得水準だけでは説明できないそれぞれの国の特色がある．消費される食品に地域差があるのは当然だが，外食費割合や簡便化の度合なども，所得水準だけでは説明できない．食料消費構造には，それぞれの国の人々の生活のあり方全体が反映しているのである．

現在の日本の食料消費構造は，畜産物の消費割合が小さいなどの点で欧米の先進国とは非常に異なっている．この「日本型食生活」に関しては第 12 章で改めて説明する．

第 2 節　フード・システム

成熟段階に達した食料消費支出は，素材としての食品よりも，むしろそれに付加されるサービスの購入に向けられる．素材としての食品は，農業と漁業の

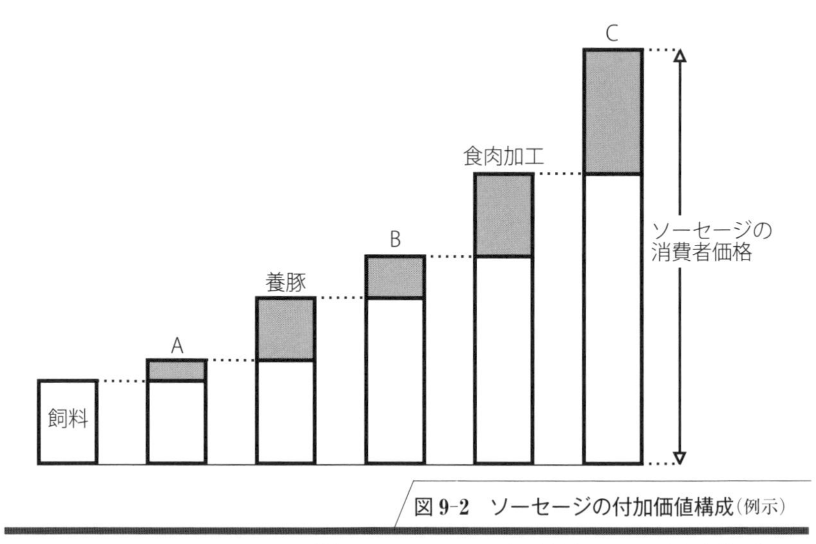

図 9-2　ソーセージの付加価値構成(例示)

注）A, B, C は流通，屠畜，輸送部門などの付加価値である．

生産物であり，穀物や肉や魚であることには変わりはないが，それが消費者の手に届くときには，長い加工や流通のプロセスを経て，多様化され簡便化された食品産業の生産物となっている．

食料消費の成熟が進むにつれて，食品産業の役割はしだいに大きくなっていく．それを最も明らかに示すのは，最終消費者が支出する飲食費の総額が，農水産業と食品産業の間でどのような割合で振り分けられているかである．

この割合は，前節でも少しふれた**付加価値**(value added)という概念で計算される．付加価値は，マクロ経済学の基本になる概念であって，1 国で生産される付加価値の合計が GDP に他ならない．

図 9-2 は，ソーセージの例で付加価値の意味を図解したものである．消費者が小売店でソーセージを購入するとして，その支払金額は，飼料穀物を生産する農業から，豚肉を生産する畜産業や，豚肉を加工するソーセージ・メーカーなどの付加価値に配分されるのである．図ではアミの部分が，各段階の付加価値を示している．

食料消費が成熟し，**食品産業**の役割が大きくなってきた結果，食料経済を全体として研究するために，農業・漁業と食品産業とを合わせて**フード・システ**

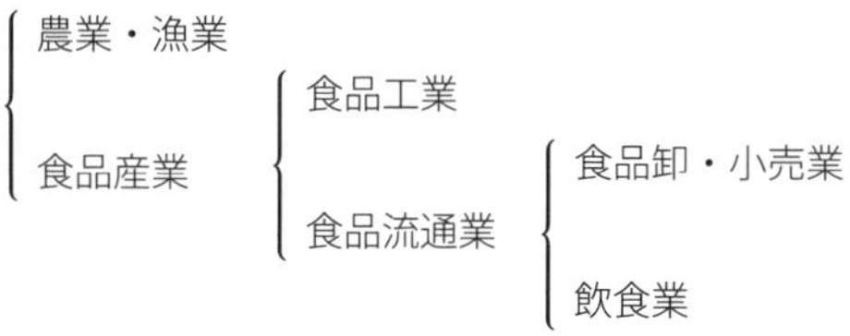

農業・漁業
食品産業
- 食品工業
- 食品流通業
  - 食品卸・小売業
  - 飲食業

図 9-3　フード・システムの構成

ムと呼ぶ新しいコンセプトが考え出された．食品産業は，さらに**食品工業**と**食品流通業**に分けることができるし，食品流通業には飲食業も含まれるので，フード・システムは**図 9-3** のような構成をしていることになる．

フード・システムと似たコンセプトに**フード・チェーン**がある．フード・チェーンというのは，もともとは生物学の用語であって，牧草を牛が食べ，牛肉を人間が食べるというような「食物連鎖」のことである．食料経済の研究では，それを借用して**図 9-3** に示したような産業の連鎖を表すのに使っている．

さて**図 9-4** は，日本の消費者が支払った飲食費の総額がフード・システムの各産業部門にどのように配分されたかを示したものである．図に明らかなように，国内農水産業の割合は，1975 年までは最も大きな割合を占めていたが，だんだん低下して，2011 年には 12% と，食料に対する消費者の支出額の 8 分の 1 くらいを占めているに過ぎない．

農水産業に代わって最も大きな割合を占めるようになったのは，食品流通業である．その割合は 2011 年には 35% と，全体の 3 分の 1 以上を占めるほどに高まっている．

また増加率でみて最も大きく伸びたのは，輸入食料である．その占める割合は 1975 年には 6% ほどであったが，2011 年には約 10% になった．この間，内訳では輸入生鮮品よりも輸入加工品の方が伸びが大きかった．

以上の変化が，先に述べた食料消費構造の変化傾向に対応した供給側の変化であることはいうまでもない．

表 9-3 は，フード・システムにおいて生みだされた付加価値の金額と労働力の構成をイギリスについて示したものである．2017 年現在のイギリスでは，総付加価値額における農業の割合は 10% を切っている．イギリスと日本に共

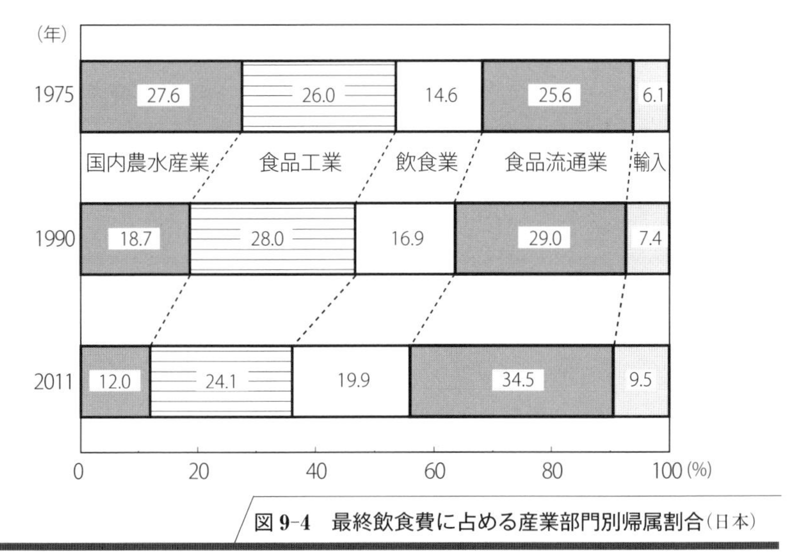

図 9-4　最終飲食費に占める産業部門別帰属割合(日本)

出所）農林水産省「農林漁業及び関連産業を中心とした産業連関表」2016 年.
注）総務省「産業連関表(平成 23 年表)」を用いた農林水産省の試算.

通していえるのは，食品卸売業と小売業を合計した食品流通業の割合が最も高いことである．

ところで，食品産業の発展は，食料消費の成熟段階にある消費者のニーズに対応した供給側の変化であるが，フード・システムに占める食品産業の割合の上昇は，1つの重要な経済学上の問題を提起した．それは，果たして食品産業は消費者の求める食品を本当に効率よく供給しているのかどうかという問題である．

この問題には2つの側面がある．第1の側面は，食品産業の経済的効率性の問題ないし競争構造の問題である．先に第6章で述べたように，農業の産業構造は，もともとは完全競争のモデルに近いものである．農産物は非常に多数の零細な生産者によって供給されていて，市場を支配できるような力を持つ大供給者はいない．農業協同組合や政府の介入を除けば，農業は「原子的競争」産業である．

ところが，食品産業になると，企業の数はぐっと少なくなり，1企業の規模も大きくなる．それゆえ大企業がその市場支配力を行使して，独占ないし寡占

表 9-3　フード・システムの部門構成(イギリス, 2017 年)

(単位：%)

	付加価値額	雇用者数
農業・漁業	9	11
食品工業	26	11
食品卸売業	10	6
食品小売業	25	29
飲 食 業	30	44
合　　計	100	100

出所）DEFRA, *Food Statistics Pocketbook 2017.*

的な価格つり上げなどの市場歪曲をもたらす可能性が生じるのである.

第 2 の側面は, 農産物から始まる長いフード・チェーンを経て供給される食料が, 果たして消費者の本当のニーズに充分に対応しているのかどうかという問題である. 食生活が成熟する以前の段階で, 食料消費が農業と直結していて, 主な食品が穀物や生鮮野菜であった時代には, こうした問題はなかった. 消費者も生産者と同じように, 身近に農業や食品のことをよく知っていたからである.

フード・チェーンが長くなると, 消費者と食品生産の現場との距離は遠くなり, 消費者の食品についての知識は不確実になる. 消費者自身が, 自分の買っている食品が本当に自分の望んでいるものかどうかわからなくなるという事態が生じる. 消費者は, 食品に関する情報を食品産業から提供されるとおりに受けとるしかないことにもなる.

これは**消費者主権**(consumer sovereignty)という, 市場メカニズムの根本にかかわる難しい問題とも関係している. 大企業は, テレビの広告などにより, 企業側に都合のよい情報を提供することを通じて消費者の好みまで支配し, 自社製品の販売を促進する可能性があるからである.

この分野で近年最大の問題となっているのは, **食品の安全性**(food safety)である. 複雑なフード・システムでは, 消費者は自分の購入する食品について充分な知識を手に入れることが困難である. 加工度の高い食品が, 冷凍され美しいパッケージに入れられて店頭にならんでいる場合, 消費者はその中味について生産者や加工業者が知っていることをほとんど知らないのが普通である．これは**情報の非対称性**といわれる問題である．

安全性も情報の非対称性も，食品だけの問題ではなく，すべての商品に関係している．だが食品の場合はそれが絶対の必需品であって，誰もが購入しなければならないのと，安全性が人の生命と健康に直結しているという点とで，とりわけ重要である．

食品に関する情報の1つの基本的要因は，それがどこで生産されどのように加工されどのようなルートを通って小売店の店頭に並べられているのかという知識である．これは食品の**トレーサビリティ**(traceability)と呼ばれる問題である．フード・システムが発展すると，トレーサビリティの確保も難しくなる．消費者だけではなく，フード・システムの末端に位置する小売店や飲食店にとっても，充分なトレーサビリティを確保することは決して簡単なことではない．

これらの問題は，市場メカニズムだけでは解決が困難であり，政府の役割が重要になる．食品の内容情報を消費者に周知させるための**食品表示**や，安全を確保するための**食品衛生基準**などについては，どこの国でも法律による規制があり，またそれを担当する政府機関が作られている．

消費者主権は市場経済の効率性にとって最も基本的な要件であるが，情報の非対称性やトレーサビリティの欠如のもとでは，消費者は食品の内容を正確に判断できず，市場の主権者となることは不可能である．

以上2つの問題は，いずれも経済学のうちの「産業組織論」という分野で取り扱われている．そこで，フード・システムに関連して「食品産業の産業組織」ということが研究課題となってくる．

第3節　食品工業の産業組織

産業組織論では，各産業の活動を3つの側面から研究する．第1の側面は，**市場構造**(structure)であって，産業の特質を，その産業の生産物が取引される市場の競争構造の面から分析する．特に重要なのは，その産業を構成している企業の数や規模の問題で，先に第6章で述べた**生産集中度**がキー・コンセプトである．

第2の側面は，**市場行動**(conduct)である．これはその産業に属する企業の行動を，生産，投資，マーケティングなどの面から分析する．ここでとりわけ重要なのは，経済効率を高める**技術革新**(innovation)，そのための**研究開発**(research and development: R&D)，そして商品販売のための**広告**と**製品差別化**(product differentiation)である．

第3の側面は**市場成果**(performance)である．これは各産業部門の経済活動の成果を，生産物の価格や品質などの面から分析し評価する分野である．

さて，**表9-4**に示すように，食品工業は2017年現在，付加価値額において製造業全体のほぼ10%，従業者数において15%を占めている大きな部門である．そのうちいくつかの食品について，上位5社のマーケット・シェアを**表9-5**に示している．食品によって差はあるけれども，ともかく農業に比較すれば，企業数はかなり少なく規模が大きいことは明らかである．

ただしその中には，さまざまな特徴を持った多数の産業が含まれていて，食品工業としてひとまとめにして取り扱うのは難しい面もある．なぜなら食品工業はコンピュータやテレビとは違って何世紀にもわたる長い歴史を持ち，それぞれの国の農業と結びつき，食習慣や食文化とも結びついているからである．食品工業は農業と同じように，歴史依存性・地域依存性を強く持っている．

したがって同じ食品を生産する食品工業部門であっても，国によってその産業組織が全く違う場合が少なくない．たとえばビールは，日本では清酒に比べて新しい食品であって，大手4社がそのほとんどを生産しているが，ドイツでは1000以上の小さな会社がある．ドイツのビール業界は，日本のビール業界よりも清酒産業と比べる方が共通面が多いのである．

生産集中度に着目する市場構造の分類にもいろいろのタイプがあるが，基本的には，農業のように多数の零細企業だけからなる完全競争型，1社ないし数社で全市場を占めている独占ないし寡占型，そして**二極集中型**に分けて考えることができる．二極集中型というのは，一方に大きなマーケット・シェアを持つ少数の大企業があると同時に，他方において，多数の中小企業や零細企業がそれと共存している構造である．

食品工業では，二極集中型の市場構造が多く見られる．日本の例でいうと清酒やしょうゆなどの伝統的食品，そして伝統的食品ではなくても輸入が比較的

表 9-4　全製造業に占める食品工業の割合(日本)

(単位：%)

年次	出荷額	付加価値額	従業者数
2000	7.9	8.3	12.5
2010	8.3	9.6	14.9
2017	9.1	9.7	14.8

出所）経済産業省「工業統計調査」(従業者 10 人以上の事業所).

表 9-5　食品工業の出荷集中度(日本)

(単位：%)

品　目	1991 年		2014 年	
	CR5	輸入	CR5	輸入
チーズ	46.2	47.3	38.2	55.7
ソース類	55.9	20.8	54.6	36.6
小麦粉	54.5	0.0	82.2	0.1
炭酸飲料	35.5	0.0	65.6	4.3
ビール	98.3	0.9	98.2	1.0
インスタントコーヒー	93.2	5.3	73.8	25.8

出所）公正取引委員会「生産・出荷集中度調査」.
注）CR5 は上位 5 社の出荷額割合の合計を示す.

多いチーズやソースのような食品が二極集中型の市場構造になっている.

大きなマーケット・シェアを持っている大手企業の食品は，同じ銘柄が全国で販売されている．これを**ナショナル・ブランド**食品といっている．さらにマーケット・シェアが巨大になって，コカ・コーラのように国境を越えて全世界的に販売されている**グローバル・ブランド**も少なくない.

一方，企業の所在地の周辺だけで販売されているのが**ローカル・ブランド**食品である．伝統的な食品にはローカル・ブランドが多くあり，ドイツのビールについては先に述べたが，チーズやソーセージなども，ヨーロッパには多くのローカル・ブランドがある．食品工業における二極集中型市場構造というのは，ナショナル・ブランドとローカル・ブランドが共存していることだといってもよい.

食品工業の市場行動に関して最も興味深いのは，**製品差別化**と**広告**である．製品差別化というのは，簡単にいえば「自社製品を他社の類似品よりもよい商品として消費者に売り込む工夫」のことである．食品は少量ずつ毎日購入されるものが多いので，毎日自社の製品を買ってもらうように消費者を誘引するのは，食品企業にとって重要な行動である．

製品差別化の手段の1つは，よい原料を用いて製品の品質を高めたり，新しいフレーバーを用いて味付けや食感の違う食品を開発したりすることである．そうした差別化の例は，即席めん類や菓子などでいくらでもみられる．

しかしながら，食品によってはそうした実質的な差別化が難しいものもある．たとえば飲用水や砂糖などは，特殊なフレーバーを付ければ全く別の商品になってしまうし，品質を一定水準以上に高くすることが不可能であったり，そもそも消費者がそれを飲食して品質の違いをほとんど知覚できなかったりする．こうした食品では，自社製品を他社製品と区別して売り込むために，パッケージを変えたり，ごくわずかな差異を大きく消費者に印象づけたりする工夫が必要となる．

多くの食品はその中間にある．ビールや清酒などはさまざまに差別化されたブランドが出まわっているが，その中には実質的な差異もあれば，見かけ上の差異もあると思われる．食肉製品や乳製品なども，それぞれの企業から売り出されている数多い銘柄の中には，実質上それほどの差のないものもあるかもしれない．

食品製造企業の立場からすれば，製品差別化の目的は，自社ブランドの販売を促進して利益を上げることである．実質的にどんなに高品質の食品を作っても，それが消費者に評価されて販売が伸びなければ，企業の利益にはつながらない．逆に見かけだけの差別化であっても，それを消費者にアピールして販売が伸びれば，企業の利益になる．

製品の差異を消費者に認識させるためには，広告が重要な役割を果たしている．テレビの広告の中でも，食品企業の広告が目立っているのは，食品工業において製品差別化が，企業間の競争の重要な手段だからである．産業組織論では企業間の競争を，同じ商品をより安く売るという**価格競争**と，価格以外の手段による**非価格競争**とに分類しているが，広告と結びついた製品差別化は非価格競争の有力な手段である．

食品工業で非価格競争が他の工業部門よりも重要なのには，いくつかの理由がある．その１つの重要な理由は，食品工業の多くの商品において，製造原価に占める原材料費の比率が高いことである．

品質の高い食品を作るためには，第１に品質の高い原材料を用いなければならない．品質の悪い豚肉からはよいハムを作ることはできないし，ワインの品質がぶどうの品質によって決定的に左右されることも，誰もが知っているとおりである．高品質の加工食品は通常，高品質ゆえに価格の高い原料農産物から作られている．

食品工業では，製造原価に占める原材料費の割合が60% を超えている業種が多い．こうした場合，製造原価は原材料の価格に大きく依存するが，原材料の価格はどの企業にとってもほぼ同一なので，製品価格もほぼ同じにならざるを得ず，価格競争の余地が少なくなってしまうのである．

食品産業で広告が重要なもう１つの理由は，食料消費における**習慣形成**である．消費者は，一方で新しい味を求めると同時に，他方で食べなれた食品を美味と感じる．「故郷の味」とか「おふくろの味」というのがそれである．そのため食品産業においては，広告を通じて消費の習慣を形成することが，新食品の販売を成功させる重要なプロセスとなるのである．

第４節　食品流通業の産業組織

食品流通業は，食品卸売業，食品小売業，飲食業の３つに分類される．この分野では，第二次世界大戦後まずアメリカにおいて劇的といえるほどの変化が起こり，それに続いてヨーロッパや日本でも大きな変化が生じて，その産業組織も著しく変わってきている．

食品卸・小売業における基本的変化は，八百屋，魚屋などの**専門小売店**から，**チェーン・ストア・システム**にもとづく**スーパー・マーケット**への転換である．また飲食業の変化は，**外食産業**としての産業規模の急速な拡大と，**チェーン・レストラン**および**ファスト・フード**店の進出とからなっている．本節では主として食品卸・小売業について述べるが，その内容は多くの点で外食産業にも共通している．

食品流通業の変化を引き起こした要因は２つある．１つは，すでに述べた食料消費の成熟と食料消費構造の変化である．消費者の食品に対するニーズが多様化してきたのに対して，昔からの食品専門小売店では充分に取り扱うことが難しい多数の新しい食品を，食品工業が供給するようになった．また簡便化へ向かう消費者のニーズが，外食産業の発展の直接の原因であることはいうまでもない．

もう1つは，消費者の側ではなく食品産業の側で起こった技術変化である．包装や冷凍における技術進歩と，モータリゼーションの発展とが結びついて，さまざまな食品を輸送する能力が飛躍的に拡大した．また食品加工技術や調理技術の発展は，規格が統一された同一品質の食品の大量供給を可能にした．こうして，同じ工場で製造される同じ製品が，全国のどこのスーパー・マーケットでも同じ価格で販売され，チェーン・レストランのセントラル・キッチンで調理された全く同じメニューが，全国どこでも同じ価格で提供されるようになった．

こうした変化は，先に述べたようにまずアメリカで起こった．日本でスーパー・マーケットが普及するようになったのは1960年代になってからであり，コンビニエンス・ストアができたのは70年代になってからであるが，アメリカでは，すでに60年代の初めに，食品小売業に占めるスーパー・マーケットのシェアは60% に達していた．またその後の成長もめざましく，**図9-5**に示したとおり，2012年現在のアメリカの食品小売業におけるスーパー・マーケットのシェアは80% を上まわっており，一方で食料品専門小売店のシェアは，わずか3% にまで縮小している．

食品流通における劇的な変化が最初にアメリカで起こったのは，国民所得の高さと共に，その広い国土とモータリゼーションの発展が原因である．しかしながら日本もヨーロッパ諸国も，第二次世界大戦による経済の破壊から立ち直った後，急速にアメリカの後を追いかけた．

表9-6は，日本におけるスーパー・マーケットの発展を示したものである．1975年のスーパー・マーケットの店舗数は約1100，従業員数は約11万人であったが，2015年には約4800店舗，50万人にまで増加している．

スーパー・マーケットの総販売額の中でも，飲食料品の販売額はとりわけ急速に増加した．総販売額でみると1990年代半ば，つまりバブル経済崩壊以後

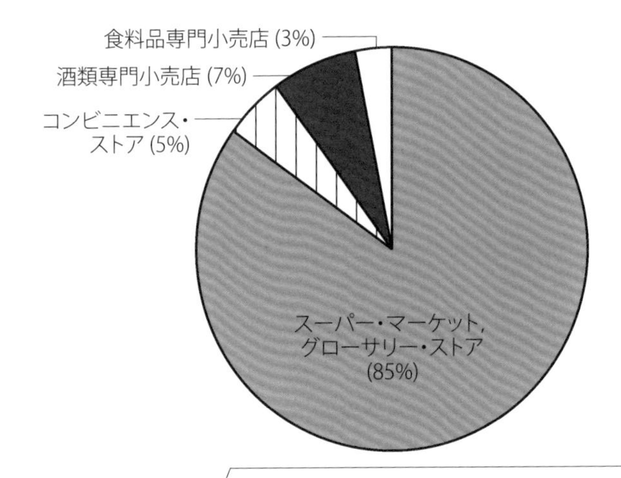

図 9-5　食料品小売店の売上割合（アメリカ，2012 年）

出所）US Census Bureau, *Annual Retail Trade Report.*
注）「グローサリー・ストア」は生鮮品の取扱いが無いもの.「コンビニエンス・ストア」は営業時間が長く，アメリカでは多くがガソリンスタンドと併設されている.

の伸びは鈍化しているが，飲食料品は依然として高い増加率を保っている.

また，データは省略するが，1980 年代末からはコンビニエンス・ストアも急激に増加し，とりわけ飲食料品の小売において大きなシェアを占めるようになった．一方こうしたチェーン・ストア拡大の反面には，伝統的な八百屋，魚屋，肉屋，酒屋などの食料品専門小売店の縮小がある．実際に日本の食料品専門小売店の店舗数は，同じ期間に約 70 万から 40 万に減少している.

ところで，食品流通において，古くからある食料品専門小売店に取って代わって，スーパー・マーケットやチェーン・ストアなどの**量販店**が大きな割合を占めるようになったことは，食料経済に関する 1 つの重大な問題を提起した．それは簡単にいえば，スーパー・マーケットによるフード・システムの支配である.

食品流通の変化は，いうまでもなくフード・システム全体の大きな変化の中の一部である．そしてフード・システムの変化は，食料消費の成熟，ひいては食品の高級化と高付加価値化という需要面の変化によって引き起こされたものである．八百屋や肉屋に代わって，すべての食品が 1 つのスーパー・マーケッ

表 9-6 スーパー・マーケットの発展(日本)

年次	店舗数	従業者数(千人)	年間販売額(十億円)	
			総額	飲食料品
1975	1,138(100)	113(100)	3,078(100)	1,240(100)
1985	1,931(170)	220(195)	7,299(153)	3,187(166)
1995	2,446(215)	314(278)	11,515(207)	5,367(239)
2005	3,940(346)	496(439)	12,565(227)	7,434(334)
2015	4,818(423)	507(449)	13,223(232)	9,363(408)

出所) 経済産業省「商業動態統計調査」.
注) 括弧内は 1975 年の値を 100 とする指数. また年間販売額は名目額だが, 指数については消費者物価指数(総合)で実質化した金額を指数化した.

トで販売され購入される**ワン・ストップ・ショッピング**が主流になったのは, 多様な食品, 簡便な食品を求める消費者のニーズに対応した変化に他ならない.

しかしこのような変化の結果として, スーパー・マーケットは非常に強い市場支配力を持つようになった. 全国に店舗を持つスーパー・マーケットやコンビニエンス・ストアは, きわめて巨大な企業体である. 農業にとっても食品工業にとっても, その生産する食品を１つのチェーン・ストアの流通経路にのせられるかどうかは, その食品がフード・システムに受け入れられるかどうかの決定的な関門である.

スーパー・マーケットの市場支配力が強くなると, 食品工業は, スーパー・マーケットの注文に応じて食品を製造し, スーパー・マーケットの注文しない食品は生産しなくなる傾向が生まれる. つまり, 消費者の食品に対する好みを供給サイドに伝達する上で, スーパー・マーケットが非常に大きな役割を演じるようになるのである.

そこで問題は, スーパー・マーケットやコンビニエンス・ストア, そしてさまざまな形のチェーン・レストランやファスト・フード店が, 消費者の本来の選好をフード・システムに正しく伝達するかどうかである. スーパー・マーケットというフィルターを通ることによって, 消費者の選好がゆがめられ, スーパー・マーケットの側に都合のいいように変えられてはいないか.

これは非常に難しい問題である. なぜならば, そもそも消費者の本来の選好が何であるかを直接に知る有効な方法がないからである.

市場経済が優れたシステムであると評価される一番の理由は，すべての消費者が自由に好きな商品を買うことによって，自動的に商品を供給する産業に選好が伝達されるという点にある．しかし実際には，消費者が自由に選択できるのは，スーパー・マーケットに並んでいる食品の範囲に限られている．

もちろん，スーパー・マーケットには，非常に多様な食品が並んでいて，また毎年数多くの新食品が発売される．そのおかげで，消費者の選択できる範囲が，農業から直接供給される野菜や，豆腐や納豆のような伝統的な加工食品以外に驚くほど広がったことは否定できない．しかしながら，その反面において食品の規格化が進み，たとえばフランスでは数千に及んでいた小規模なチーズ工場が減少し，ナショナル・ブランドをもつ数社のチーズが圧倒的なシェアを占めるようになったのも事実である．フード・システムの成長にともなって，同様の変化がどこの国でも起こっている．

今後もますます進行するであろうこうした傾向をどう評価するかは，経済学の基準だけではすまない問題である．フード・システムという新しいコンセプトは，新しい研究領域を提示するとともに，新しい研究方法を求めているのである．

課　題

1. 豊かな国では食料消費の多様化と簡便化とが進んでいる．なぜそうなるのか，原因を考えよ．
2. テレビや自動車にはローカル・ブランドがない．それはなぜか．また食品に多くのローカル・ブランドがあるのはなぜか．
3. 値段の違う同種の食品について，パッケージを見ないで食べてみて，どちらが高価か分かるか．チョコレート，アイスクリーム，ウィスキーなどについて試みよ．
4. 食品のテレビ広告には，その食品の良い点を具体的に示している「情報提供型広告」と，ただ自社製品が良いとだけいっている「説得型広告」とがある．身の回りのそれぞれの広告がどちらの型か見分けよ．
5. 食品の安全問題については，中嶋康博『食の安全と安心の経済学』(コープ出版，2004年)が読みやすい入門書である．さらに興味ある人は，中嶋康博『食品安全問題の経済分析』(日本経済評論社，2004年)に進むとよい．

6. フード・システム全体についての入門書としては，時子山ひろみ・荏開津典生・中嶋康博『フードシステムの経済学(第6版)』(医歯薬出版，2019年)，髙橋正郎監修／清水みゆき編著『食料経済 —— フードシステムからみた食料問題(第5版)』(オーム社，2016年)などが詳しい．
7. 現代のフード・システムに批判的な見解も少なくない．たとえば，カルロ・ペトリーニ／中村浩子訳『スローフード・バイブル —— イタリア流・もっと「食」を愉しむ術』(日本放送出版協会，2002年)を見よ．なお興味ある人は映画『スーパーサイズ・ミー』(2004年)を見よ．モーガン・スパーロック監督が自ら1か月間マクドナルドの商品だけを食べて健康状態の変化を報告したドキュメンタリーである．

第10章

農業の近代化

前章で述べた食料消費の成熟とフード・システムの発展は，2017年現在世界人口の20%にも足りない豊かな国の現実であって，残り80%の人々が住む国の食料消費は，成熟というには程遠い水準にとどまっている．開発途上国の多くの人々にとって，食料の大部分は畜産物ですらなく，農地から収穫された穀物，いも類，野菜などが，ほとんどそのままの形で消費されている．

低所得の開発途上国では，最小限の必要食事エネルギーの量的な確保が課題であり，それすらも充たせない慢性的栄養不足に苦しむ人々の数は，数億にも及んでいると推定されている．その原因は，何よりもまず経済成長の遅れ，すなわち1人当たりGDPの低さである．では，どのようにすれば1人当たりGDPを高めることが可能になるか？　これはいうまでもなく「開発経済学」の中心課題である．

ところで，第1章で述べたように，低所得の開発途上国では，国民経済の大きな部分を農業が占めており，人口の大部分は農業的世界で生活している．そしてその農業的世界では，労働の生産力も作物の収量も低いままに停滞している．

停滞した農業的世界をそのままにしておいては，開発途上国の経済成長は不可能である．工業と都市的世界が拡大するためには，農業的世界の近代化が不可欠である．

セオドア・シュルツは，低水準に停滞したままの農業を**慣習的農業**と呼んだが，慣習的農業の近代化の典型的な姿が，**緑の革命**(green revolution)である．南アメリカや東南アジアの熱帯地域で栽培可能な，小麦や米の改良品種の開発から始まった緑の革命は，穀物収量を飛躍的に高めた．

緑の革命は，その影響の大きさにおいて，第二次世界大戦後の世界農業における最大の出来事であったといえる．しかしながら，緑の革命は単純に成功といいきるには，あまりにも大きな出来事であった．それは，穀物の収量を高めると同時に，農業的世界の全体にインパクトを与え，その慣習と秩序とを根底から変えた．それのみならず，緑の革命の影響は，熱帯地方の広大な自然生態系にまで及んでいる．それはまさしく「革命(revolution)」だったのである．

第1節　慣習的農業

西欧において近代的成長がスタートして以来，すでに200年以上の歳月が経過している．しかし現在でも，開発途上国の農業的世界では，人間生活の多くの面が，近代的成長以前の状態のままである．

そうした農業的世界の経済や社会は，**近代的**に対して**慣習的**ないし**在来的**と形容されている．近代の基本的な特質が，絶え間のない**変化**と**成長**であるのに対して，慣習的世界の特徴は**停滞**である．成長も変化もなく，同じことが毎年毎年繰り返されるのが，すなわち「慣習」である．

近代化から取り残された農業的世界では，農業もまた**慣習的農業**である．農業の生産性は停滞したままであり，収量の持続的増加はみられず，年々の気象条件や病害虫の発生に左右されて豊作・不作の変動を繰り返している．

収量が停滞しているのは，作物の品種も未改良の**在来品種**であり，農業生産過程への投入は人力による耕起や除草などの**在来的投入**だけであり，作物の生長に必要な水も雨まかせだからである．すべてが昔のままで変わらないから，収量も停滞したままで変わらない．これが慣習的農業である．

慣習的世界において，停滞と並ぶもう1つの特徴は，**自給自足**である．生活の一切は，その世界の内部で自己完結している．その意味で，慣習的世界は，本来農業的世界でなければならない．都市的世界では，自給自足的な生活の自己完結が不可能だからである．

自給自足と停滞とが，相互に密接に関連し合っていることは明らかである．農業的世界の内部で生産されるものだけを消費し，種子だけを残して貯蓄しなければ，毎年毎年同じ種子が播かれ，同じ収穫があって，同じ生活が繰り返されていく．

農業的世界に対して，都市的世界は本来慣習的ではない．そもそも，第1章

表 10-1　経済発展と平均寿命　（単位：歳）

		世界	先進地域	開発途上地域	アフリカ
1950-55 年	男	47	63	42	37
	女	49	68	43	40
1970-75 年	男	57	68	54	45
	女	60	75	56	48
2010-15 年	男	67	75	66	56
	女	72	81	69	59

出所）UN, *World Population Prospects 2010* による推計値.
注）先進地域とはヨーロッパ，北米，日本，オーストラリア，ニュージーランドである.

で述べたように，都市的世界は自給自足の能力を欠いている．都市的世界は，その本質において開かれた世界であり，停滞のゆるされない世界なのである．

慣習的農業世界は，近代的世界からみれば貧しいままに停滞している．その貧しさを示す 1 つの指標が，**表 10-1** の平均寿命である．21 世紀に入った現在でも，先進地域と開発途上地域の平均寿命には大きな差がある．国連の推計によれば，アジアでもカンボジアやミャンマーでは 70 歳に達していないし，サハラ以南のアフリカ諸国では 50 歳前後にとどまっている国が多い．これらの国々に住んでいる人々の多くは，慣習的生活を繰り返して，日本であればまだ労働力の主力といわれる年齢層で死期を迎えている．

第 2 節　持続的成長への離陸

持続的成長への離陸(take-off into sustained growth)というのは，アメリカの経済学者 **W. W. ロストウ**の言葉である．ロストウは，長い停滞の後に明確な成長(上昇傾向)が現れることを，飛行機の**離陸**(take-off)にたとえたのである．ここで**持続的成長**というのは，ある程度の期間にわたって安定した成長率で成長が続くという意味である．マルサスの言葉でいえば「等比数列」であり，また金融の用語を借りて「複利的成長」ということもある．

世界人口のところでも説明したが，等比数列ないし複利的成長は，期間が短い間は等差数列ないし単利的成長とそれほどの差を示さないが，ある程度以上期間が長くなると，驚異的な増加に転化することはよく知られている．つまり，長い停滞の後に，いったん持続的成長へと離陸すると，やがては様相を一変するような急激な増加の時期がやってくる．そして人類の社会と経済とは，過去2-3世紀の間に，持続的成長へと離陸し始めたのである．それがつまり**近代的経済成長**(modern economic growth)に他ならない．

しかしながら，いうまでもなく世界のすべての地域，人類の社会と経済のすべての側面が，一斉に持続的成長へと離陸したわけではない．現在においても，近代的成長へ離陸する以前のままの農業的世界に多くの人口が暮らしていることは，すでに述べた．

ところで，停滞した慣習的世界から持続的成長へと離陸するための決定的な要素は何であろうか．それは**貯蓄**(saving)である．貯蓄するという行為は，将来により大きな果実を手に入れるために，現在の消費を節約(save)することである．今日小さなリンゴの実をもいで食べるのを我慢して，リンゴが紅くなり大きな実になるのを待つのが，貯蓄の本質である．慣習的世界が停滞しているのは，貯蓄がないからである．それでは，貯蓄がないのはなぜか？　この質問には，2つの答えがある．

第1の答えは，貯蓄がないのは，貯蓄する意欲がないからだという解答である．慣習的世界では，毎年毎年同じことが繰り返されている．その生活は，近代的世界から見れば貧しく不安定であるが，慣習的世界に生まれ，慣習的世界に育ち，それを当然のこととして受け取っている人々にとっては，慣習から脱却するための貯蓄は不必要である．つまり，貯蓄意欲の欠如に原因を求めるのが，この考え方である．

第2の答えは，貯蓄がないのは，貯蓄する余裕がないからだという解答である．生産性(収量)の非常に低い慣習的世界では，リンゴの実が大きくなるのを待つ余裕がない．今日の空腹を充たすためには，目の前にある青い小さなリンゴをもいで口に入れざるを得ないから，貯蓄ができない．つまり，貯蓄能力の欠如に原因があるというのが，この考え方である．

この2つの解答のどちらが正しいかは，難しい問題である．実際に，慣習的農業世界の貯蓄行動については，これまでに多くの研究が行われているけれども，決定的に一方を肯定し一方を否定するだけの結果は出ていないというのが

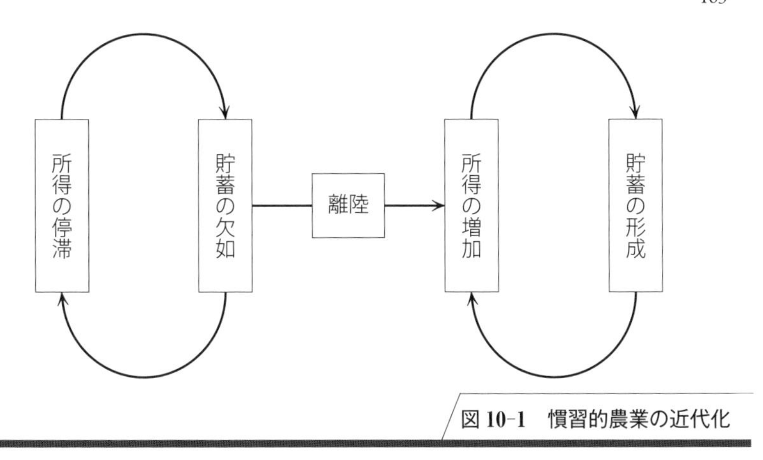

図 10-1　慣習的農業の近代化

実情である．おそらくは，2 つの解答はどちらも一面の真理を含んでいるのであろう．いずれにしても，結果的には，貯蓄は所得と消費との差であり，その意味では**剰余**(surplus)である．貯蓄がないのは，経済的剰余がないのと同じことである．

ところで，近代的成長は，いったんそれが定着すれば，自ら持続する力をそなえている．成長する経済においては，貯蓄が容易だからである．

いったん成長がスタートすると，それは成長自体の結果として貯蓄を生み出す力を持っている．なぜならば，人間の生活とそのために必要な消費支出額とは，過去の生活経験からの「慣性(inertia)」に大きく依存しているからである．

長年の間，たとえば 1 年間 500 ドルの所得をすべて消費して暮らしてきた人が，50 ドルを貯蓄して 450 ドルに支出水準を切り下げることは難しい．年間 500 ドル消費するという慣性が抵抗するからである．しかし毎年 5% ずつ所得が増加していくならば，所得の増加分は自然と貯蓄される．慣性が消費の増加を抑制するからである．

これが持続的成長のメカニズムである．**図 10-1** は，以上に説明した慣習的農業→離陸→近代的成長の関係を示している．問題は，どのようにして停滞から成長へと離陸するかである．

緑の革命では，停滞した慣習的農業の近代化の決定的な契機となったのは，外部から持ち込まれた新しい改良品種の種子であった．種子からすべてが始まった．それは改良品種の種子の中に，慣習的農業とは異なる近代農業技術のすべてが含まれていたからである．

第3節　緑の革命

後に緑の革命をもたらすこととなった最初の改良種子は，アメリカのロックフェラー財団の援助によって1943年にメキシコに作られた「国際トウモロコシ・小麦改良センター」において育種されたものである．「メキシコこびと小麦(Mexican dwarf)」と呼ばれるその品種は，日本の改良品種である農林10号と，メキシコの在来品種との交配から生まれた．

「こびと」と呼ばれたのは，この**改良品種**が短稈(たんかん)，つまり背丈が低かったからである．そして改良品種が短稈だったのは偶然ではなく，多くの実をつけて倒伏しないためには，太くて短い茎が必要だったからである．

実際に，メキシコこびと小麦は，在来種の2倍に近い実をつける能力を持っていた．現在ではこうした改良品種は，1962年にフィリピンで作られた「国際稲研究所(International Rice Research Institute: **IRRI**)」の数々の新品種と共に**高収量品種**(High-Yield-Variety: **HYV**)と呼ばれている．台湾の改良品種とインドネシアの在来品種からIRRIで交配育種された米の新品種IR8は，その驚異的な収量の高さのために「ミラクル・ライス」と呼ばれるほどであった．

ところで，短稈のHYVに対して在来種の背丈が高かったのは，これも偶然ではない．除草剤のない慣習的農業の世界では，短稈の小麦は雑草に負けてしまって，成長することができなかったからである．

水田で栽培される米の場合には，在来品種は，雑草だけではなく水にも自力で立ち向かわなければならなかった．メナム川やガンジス川などの大河川下流の低平地では，背丈が2メートル以上にもなるような**浮稲**(うきいね)が栽培されていた．大雨が降ると水没してしまうこの地帯では，短稈の品種は生育できない．ある種の浮稲は洪水に抵抗して一夜のうちに30センチメートルも伸びる力を持っているといわれる．しかしもちろん，背丈が2メートルにもなる浮稲には，重い実をつける能力はない．

こうした在来品種に対して，HYVの持っている能力を発揮させるためには，

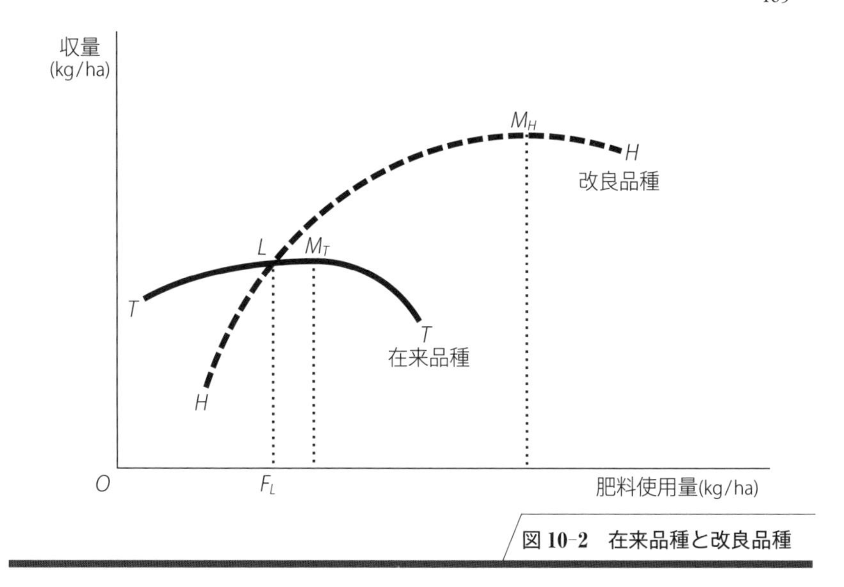

図 10-2　在来品種と改良品種

慣習的農業の全体を変化させることが必要である．除草剤の使用その他の手段によって雑草を制御しなければ，短稈の HYV は草に埋もれてしまうし，ダムを造り排水路を作って洪水を制御しなければ，短稈のミラクル・ライスは水没してしまって，かえって在来の浮稲の方がよいという結果になる．

それだけではなく，HYV の近代品種としての基本的特徴の 1 つは，高い**耐肥性**と**肥料反応性**である．HYV は，肥料を十分に与えれば驚異的な高収量を上げるけれども，肥料が不足すれば，在来種ほどの収量も上げることができない．

図 10-2 は，HYV と在来種の肥料反応曲線(第 4 章参照)を示したものである．在来種は，ほとんど肥料を用いなくてもある程度の収量をもたらすが，肥料を与えても収量は高まらず，肥料を多く与えすぎると徒長してかえって収量が減ってしまう．その技術的最大可能収量 M_T は，HYV の技術的最大可能収量 M_H よりもずっと低い．

しかし肥料の使用量が足りない場合には，HYV はその能力を発揮できない．**図 10-2** では，肥料使用量が F_L よりも少ない状態では，在来種の収量の方が HYV の収量よりも高くなることを示している．HYV は奇跡の品種ではある

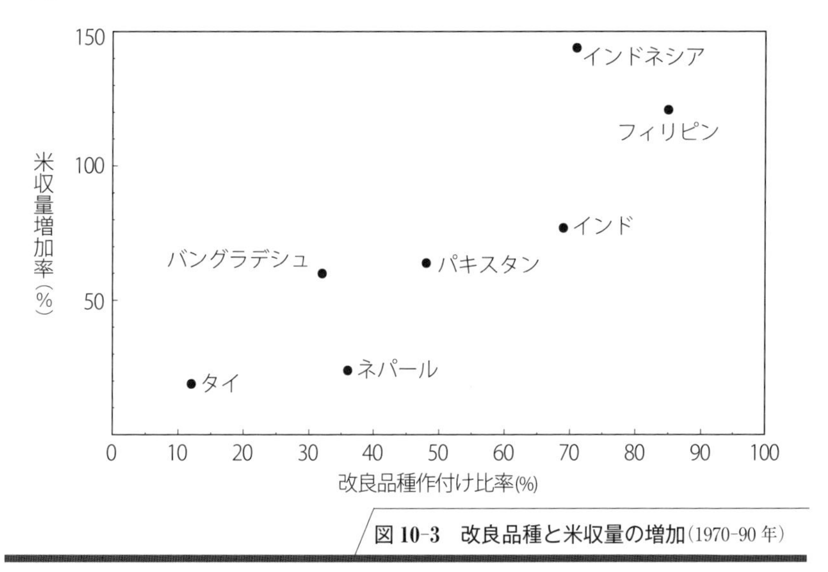

図 10-3　改良品種と米収量の増加(1970-90 年)

出所）米収量：FAO, *Production Yearbook*. 改良品種作付け比率(1987 年)：山田三郎『アジア農業発展の比較研究』(東京大学出版会, 1992 年).

が万能の品種ではなく，在来種は在来種なりの合理性を持っているのである．

さて，HYV がもたらした驚異的な収量の増加は，**図 10-3** によく示されている．図の縦軸は 1970 年の収量と 90 年の収量の倍率であるが，HYV の普及率が高いインドネシアやフィリピンでは，20 年間に米収量がまさしく倍増している．これらの国では，稲作は長年にわたる慣習と停滞とを脱して，近代的成長へと離陸したのである．

インドネシアやフィリピンにおける米収量の驚異的な増加が，単に在来品種と HYV との種子の取り替えだけによってもたらされたものではないことは，これまでの説明から理解されるはずである．それは近代的生産方式への全面的な転換(transformation)であり，それだからこそ「緑の革命」と呼ばれるようになったのである．

とはいうものの，緑の革命の導火線が HYV であったことは否定できない．先に述べたように，HYV の種子の中には，慣習的農業とは異なる近代的農業のすべてが内在していた．インドネシアやフィリピンでは，HYV の種子が契機となって，慣習的農業から近代的農業への転換が起こったのである．

HYV の種子を用いて高い収量を上げるためには，雑草や水の制御が必要であり，また充分な肥料が必要である．つまり，在来品種から HYV への転換は，人力と天水という**慣習的投入**から，肥料や灌漑用水という**近代的投入**への転換なしには，成果を上げることができない．こうして HYV は，慣習的農業から近代的農業への転換のきっかけとなった．

しかしながら，慣習的農業の近代化は，HYV だけで成就されたのではない．先にも説明したように，停滞から持続的成長に離陸するための決定的要因は，貯蓄である．化学肥料を買うための貯蓄がなければ，HYV の能力は活用できない．

もちろん，HYV の開発は，それ自体が 1 つの強い貯蓄誘因として作用する可能性を持っている．在来品種とは違って，肥料を買うために消費を抑制して貯蓄すれば，収量は驚異的に高まるからである．在来品種しかない世界では貯蓄の報酬は小さいが，HYV が開発されたことによって貯蓄の報酬が一挙に高まったといってもよい．

もし慣習的農業世界における貯蓄の欠如の主要な原因が，貯蓄意欲の欠如であるならば，HYV はそれだけで慣習的農業を離陸させる力を持っていたはずである．HYV による肥料効率の飛躍的向上，したがって貯蓄の報酬の飛躍的向上は，眠っていた貯蓄意欲を目覚めさせるのに充分なだけドラスチックなものであった．

実際には，フィリピンにおいてもインドネシアにおいても，HYV の普及には，政策的なサポートが大きな役割を果たした．政府は農産物の価格を支持すると共に，農業金融や農業補助金などの手段によって，肥料を始めとする近代的投入を HYV に結びつけたのである．

HYV の普及による米増産の政策的サポートのプログラムは，フィリピンでは「マサガナ 99(Bountiful Grains)」，インドネシアでは「ビマス(Mass Guidance)」と名づけられて，農業的世界を目覚めさせる上で大きな効果を発揮した．

緑の革命において政府の果たした役割は，近代的投入財を買うための資金など，経済的援助の提供だけではない．もう一度繰り返すが，停滞から成長への転換の基本的要因は貯蓄である．この貯蓄の意味を理解するためには，現在だ

表 10-2　緑の革命の成果・穀物生産の増加(1983-85 年平均)
(1961-65 年平均＝100)

	作付面積	収　量	施肥量	生産量
フィリピン	128	171	253	218
インドネシア	126	223	1,022	280
タ　イ	157	127	905	200
バングラデシュ	121	127	1,171	153
イ ン ド	113	167	973	189
パキスタン	137	183	1,700	250

出所）FAO, *Production Yearbook.*

けではなく将来にわたる長い**時間視野**を持つ必要がある．そして，長い時間視野を持つためには，識字能力や四則演算の能力が不可欠なのである．

長年の間，親から子へ，子から孫へと伝えられてきた慣習的農業を繰り返すだけならば，現在目前のことを理解するだけで充分であり，識字能力も演算能力もなくても，慣習に従って種子を播き刈取ることができる．しかしながら，慣習を抜け出して，HYV の意味を理解し，剰余を貯蓄し，近代農業に転換するためには，**教育**ないし**普及**が必要である．そして慣習は政府を必要としていないが，教育と普及には政府の力が必要である．

表 10-2 は，アジアの主要国について，緑の革命の基本的な成果を示したものである．1960 年代に始まる緑の革命の 20 年間に，多くの国で穀物生産量が 2 倍以上に増加しており，タイを除けば，増産の主な原因は，作付面積の増加ではなく，HYV と肥料とによる収量の向上であったことが，**表 10-2** に明らかに表れている．

ところで，フィリピンのマサガナ 99 にしてもインドネシアのビマスにしても，それに必要な資金の多くを先進国からの援助に依存していた．そもそも HYV の開発それ自体が，ロックフェラー財団の資金によって始まり，その後も主として先進国の援助によって行われていることを考えると，**図 10-1** に示した慣習的農業の停滞サイクルから成長サイクルへの離陸には，先進国の援助が大きな役割を果たしていることは明らかである．

第4節　農業近代化の影響

これまでも繰り返し述べてきたが，緑の革命は，単に在来品種をHYVと取り替えただけではなく，生産方式の全体的な転換であった．経済的にも技術的にも，在来品種と慣習的生産方式は切り離し難く結びつき，HYVは近代的生産方式と切り離し難く結びついていて，そもそも単なる種子の取り替えなどは不可能なのである．

ところで，緑の革命は，いうまでもなく農業的世界の全体に大きな影響を及ぼさざるを得なかった．それは慣習的農業を中心として停滞していた農業的世界の，それなりの安定と秩序とを破壊する力を持っていたのである．

この破壊が，農業的世界全体を近代的成長に導く創造的破壊であるのか，あるいは混乱と対立を引き起こすだけに終わるのかについては，意見は必ずしも一致していない．ある人はこれを「豊饒の角かパンドラの箱か」と表現した．豊饒の角というのは，すべてを生み出したギリシア神話の山羊の角のことである．

緑の革命が豊饒の角ではなくさまざまな邪悪をとじこめたパンドラの箱であるという立場の意見によると，開けられたパンドラの箱から出てきた邪悪には2つのものがある．1つは，農業的世界の慣習を崩すことから出てきた**社会的対立**であり，もう1つは，農業的世界の生態系を崩すことから出てきた**自然環境の破壊**である．

先に慣習的世界の特徴が停滞と自給自足であり，近代的世界の特徴が成長であると述べたが，もちろん成長は停滞と対比される特性である．では，自給自足と対比される近代的世界の特性は何か．それは**商品生産**である．

自給自足が，消費するための生産であるのに対し，商品生産は，販売するための生産である．そして消費するための生産の目的は穀物や衣服などの財そのものであるが，販売するための生産の目的は財ではなく**貨幣**である．

消費のための財(goods)と，商品生産の目的である貨幣(money)とはどこが違うのだろうか．これは経済学の最も根本的な問題の1つであるが，この問題を考察したのは，マクロ経済学の創始者**J. M. ケインズ**であった．ケインズは，財と異なる貨幣の性質を**流動性**(liquidity)と名づけた.

流動性は,もちろん固定性の反対である.流動性の基本的な特性は,容易に形を変えられるということである.貨幣は,食物にもなれば,衣服にも宝石にもなる.

流動性のもう1つの重要な特性は,**持ち越し費用**がかからないということである.農業的世界の主な生産物である穀物や野菜は,今年収穫したものを消費しないで(貯蓄して),来年に持ち越そうとすると,大きな費用がかかる.手をかけないで置いておけば腐ってしまうからである.しかし貨幣には,そうした持ち越し費用がほとんどかからない.

財と異なる貨幣のこの2つの特性は,非常に強い経済的利益追求の誘因となる.穀物は無闇にたくさん持っていても使い道がないし,また持っているのに費用がかかるが,何にでも交換できる貨幣は,いくらあっても困らないし,持っているのに費用もかからないからである.

このように考えると,財を生産の目的とする自給自足経済と,貨幣を生産の目的とする商品経済との相違が,同時に停滞と成長の相違にもなっていることが理解されるだろう.慣習的世界の2つの特質である停滞と自給自足,近代的世界の2つの特質である成長と商品生産,この対立する2つの要因は,相互に深く関連し合っているのである.

こうしてHYVは,まず貯蓄の報酬を高めることによって,停滞した自給自足の慣習的農業を近代化し,近代化された農業は高い収量をもたらすことによって商品生産への転換を促し,最後に商品販売の代金である貨幣が,その流動性によって,経済的利益と貯蓄の誘因を大きくし成長を定着させた.

ところで,先に述べたように貯蓄の原資は剰余である.貯蓄の誘因が大きくなった結果,剰余をめぐる競争が激しくなったのは,むしろ当然である.そして剰余をめぐる競争は,生産拡大の競争であると同時に,生産物の**分配**をめぐる競争にもなる.分配をめぐる競争は,優勝劣敗,つまり優れた者が勝ち劣った者が負けることを通じて,必然的に**貧富の格差**をもたらす.緑の革命をパンドラの箱とみる1つの立場は,それが,それなりの秩序と安定とのもとに停滞していた農業的世界を,剰余をめぐる競争,とりわけ分配をめぐる競争にまき込むことによって,社会に貧富の格差をもたらし,対立と不公平をもたらしたというのである．

この問題について1つ注意しなければならないのは，剰余をめぐる競争のあり方である．剰余をめぐる競争は，市場経済の基本原理であり経済発展の原動力ではあるが，現在の先進国における市場経済は，民主主義社会の一部であって，政府によって管理されている．民主主義社会の市場経済では，GDP の 50% 内外が政策的に管理されているのである．そこでの競争は，負ければ地獄，勝てば天国というような，力だけが支配する闘争ではない．

しかし緑の革命によって慣習的農業から抜け出したばかりの国々では，民主主義社会の市場経済が長い間かけて作り上げたさまざまな社会装置が，まだ充分には備えられていない．そもそも，そうした国の中には民主主義ですら確立していない国も少なくないのである．そのような事情のもとでは，剰余をめぐる競争が力だけがものをいう闘争になり，ひいては流血の対立をもまねきかねない．

農業的世界でとりわけ重要なのは，土地をめぐる対立である．日本の小作争議と農地改革については前に説明したが，現在でも，緑の革命がパンドラの箱ではなく豊饒の角になるために農地改革が必要な国は多い．

緑の革命が自然環境に及ぼした悪影響については，いろいろの指摘があるが，その実態はまだ充分には把握されていないというべきであろう．その1つの理由は，自然環境は人間社会に比較してはるかに広大であり，また緑の革命というインパクトの影響がはっきり現れるまでに，長い時間がかかることである．この問題については，あらためて次章で説明する．

緑の革命について評価が分かれているのには，2つの理由がある．その1つは，今自然環境について述べたように，緑の革命のもたらした結果が，充分には明らかになっていないことである．もう1つは，そもそも望ましい人間の生活のあり方として，「安定に重点をおく」か「成長に重点をおく」かという考え方の違いである．

前者は**事実認識**の問題であり，後者は**価値判断**の問題である．緑の革命の評価だけではなく，経済と社会とに関わるすべての問題は，この2つの側面を持っている．これは自然科学と社会科学との根本的な相違であるが，事実認識と価値判断の関係は，社会科学にとって非常に難しい問題である．なぜならば，それは本質的には，人間という1つの存在の2側面であり，根底において切り離し難く結びついているからである．

課　題

1. **図10-1**の「離陸」は何によってもたらされるか，本文をよく読んで3つの要因を指摘せよ．
2. 所得が増加するとき，もし消費の習慣が変わらなければ，所得の増加分は貯蓄される．しかし消費の習慣が変わって消費水準が高まると，その分だけ貯蓄にまわる剰余は少なくなる．消費の習慣を変える要因にはどんなものがあるか考えよ．
3. 改良品種が導入されると，在来品種しかなかったときに比べて，貧富の格差は大きくなる可能性がある．それはなぜか，**図10-2**をよくみて考えよ．
4. 教育と貯蓄の関係について考えよ．
5. 農業近代化についての参考文献は多く開発経済学の文献と重なっている．浅沼信爾・小浜裕久『近代経済成長を求めて——開発経済学への招待』(勁草書房，2007年)，福井清一・三輪加奈・高篠仁奈『開発経済を学ぶ』(創成社，2019年)などを参照せよ．また『世界開発報告』は，世界銀行が毎年発表している世界の開発問題に関する分析や基本データを収録した報告書であるが，2008年版は特に農業に焦点を当てた報告書となっている．日本語訳は，世界銀行編／田村勝省訳『世界開発報告2008——開発のための農業』(一灯舎，2008年)．

第11章

資源・環境と農業

20世紀の世界農業は，爆発的に増加し続ける人口に食料を供給した．20世紀後半の50年間に，世界の人口は2倍以上に増加したが，穀物の生産量はそれ以上に増加し，1人当たりの平均穀物供給量は上昇した．

世界全体としてみれば，農業もまた近代的成長へと離陸したのである．農業の離陸が，品種改良と化学肥料による収量の飛躍的向上によるものであることは，前章で説明したとおりである．もちろん，先進諸国における収量の向上は「緑の革命」よりずっと早く，イギリスでは19世紀の半ば頃から小麦収量の急速な上昇が起こっている．

資源・環境の問題は，近代的成長の結果として生じたものである．それには，2つの側面がある．1つは，近代的成長の**持続性**(sustainability)ないし**成長の限界**(limit to growth)の問題である．等比数列的成長が，長い期間の末には驚くべき量的拡大をもたらすことは繰り返し述べたが，そのような成長が，果たして地球という資源の範囲でどこまで可能なのか？

この問題の核心は，1972年に「ローマ・クラブ報告」が指摘したように，近代的成長がどこかで「成長の限界」につき当たったときに，成長が反転して「制御不可能な崩壊」が始まるのではないかということである．

資源・環境問題のもう1つの側面は，生活環境の汚染(pollution)の問題である．近代的成長の結果，人間の生活水準は一定の基本的必要を充たす高さに達した．第9章で述べた食料消費の成熟はその典型的な例であるが，成熟の結果として，一方で大量の食物が生産・消費されると同時に，他方で人々のニーズは多様化し，量的な拡大よりも**生活の質**(quality of life)の高さを求めるようになり，**環境汚染**が重大な関心事となったのである．

農業における資源・環境の問題も，以上の2つの側面を持っている．近代的成長の一部である人口増加がなお持続し世界人口が100億人に近づいても，地球の資源・環境の制約のもとで，農業は果たして充分な食料を供給することが可能かどうか？　化学肥料や農薬を多く使用する近代農業は，人間の生活環境を汚染することなく，高品質の安全な食料を供給し続けられるかどうか？　これが現在の農業が直面している2つの資源・環境問題である．

第1節　農業と資源・環境

商工業の近代的成長による人口の増加と所得水準の向上は，農業に大量の穀物の供給を求めた．世界全体としてみるとき，農業はこの要求に応じて驚異的な速度で穀物生産を増大させてきた．農業もまた，近代的成長へと離陸したのである．

農業生産の増加は，これまで繰り返し述べたとおり，耕地面積の拡大と収量の向上とからなっている．近代農業においては，この2つの要因のいずれもが，資源・環境問題の2つの側面，すなわち持続性と汚染とに関わっている．

農業と資源・環境問題との関係は，工業の場合に比較して，非常に範囲が広くかつ複雑である．それは，農業の主要な生産要素である農用地が，全地表面積の約33% という広大な部分を占めているからである．海面を別にすれば，地表はすなわち人間の生活する環境である．同時にまた，地表は，資源ことに動物や植物の存在する場所でもある．農用地は，それ自体が生活環境であり自然資源なのである．

農業の近代化がもたらした資源・環境問題の第1は，農用地の拡大，とりわけ森林開発による農用地拡大である．FAO の最新の調査によれば，世界の森林面積の純消失は1990年から2015年までの25年間で約1億2900万ヘクタール，減少率で3.1% になるが，そのうち農用地造成による消失は約半分，残り半分は都市開発や自然荒廃などによる消失と推測されている．

文明が始まった太古の昔から，世界の森林消失の最大の要因は農用地の拡大に他ならない．農用地造成は主として森林原野の開発によるため，それ自体直接に森林伐採なのである．だが旧来の農法と生産規模のもとでは，自然環境との共生関係ないし自然資源の持続的利用が十分に保たれていた．それが20世紀以降，増え続ける人口に食料を供給するために農業は近代化し，自然界の広

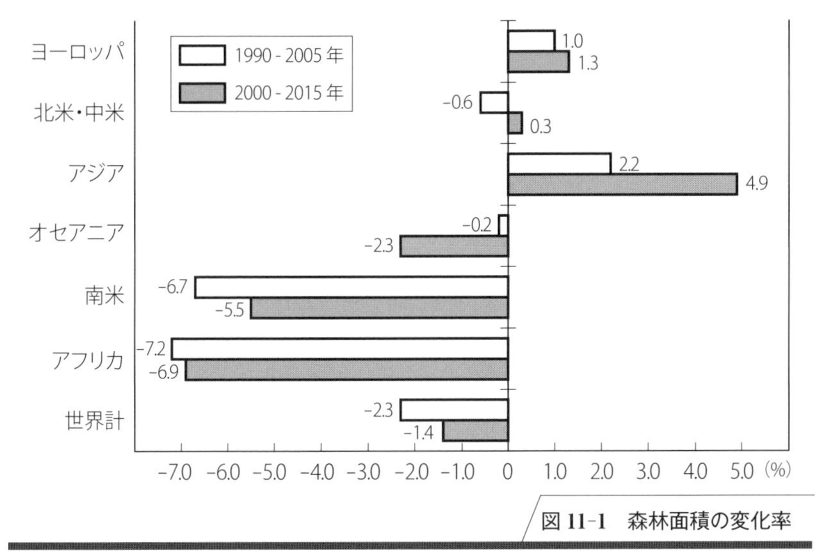

図 11-1　森林面積の変化率

出所）FAO, *Global Forest Resources Assessment 2015.*

い範囲で生物多様性と生態系に深刻な危機をもたらすようになったのである．

20 世紀の急速な森林破壊の反省から，近年は高所得国を中心に森林保全や植林活動が拡大している．その結果として，**図 11-1** に示すように，2000 年以降森林面積の消失速度は世界全体としてみればゆるやかになっている．

しかしなお大きな問題は，熱帯雨林がいっそう主要な開発対象となっていることである．熱帯雨林は世界の野生生物種の約半数が生息しているともいわれる自然資源の宝庫であり，それによる気候や環境保全への影響も地球規模におよぶといわれている．その熱帯雨林が最も広く分布するアフリカと南米で，最も著しい森林減少が起こっている．そしてその多くが，農用地拡大と，農業のためのインフラ整備による減少なのである．

農業近代化の第 2 の問題は，肥料および農薬の大量の使用である．**表 11-1** に示すように，世界平均の耕地面積 1 ヘクタール当たり**化学肥料使用量**は，1960 年の 22 キログラムから 2016 年の 141 キログラムまで増加した．実に 6 倍以上の急激な増加であるが，この増加が高収量品種の開発・普及とあいまって収量の向上をもたらしたことは，すでに説明したとおりである．

表 11-1　化学肥料使用量の変化(世界)

年次	耕地面積当たり肥料使用量(kg/ha)	肥料 1 kg 当たり穀物生産量(kg)
1960	22	33
1970	53	17
1980	88	13
1990	92	14
2000	94	15
2010	131	14
2016	141	15

出所) 2000 年まで FAOSTAT．2010 年以降 World Bank.
注) 2010 年以降は集計法が異なるため不連続である．肥料使用量は穀物以外の作物での使用量を含む.

表 11-2　化学肥料使用量と収量(2016 年)
(単位：kg/ha)

	穀物収量	肥料使用量
日　本	6,083	242
アメリカ	8,145	139
フランス	5,687	163
ドイツ	7,182	197
イギリス	7,023	253
世　界	3,967	141

出所) World Bank.
注) 肥料使用量は耕地面積当たりの主要成分量(窒素・リン酸・カリウム)．穀物以外の作物での使用量を含む.

表 11-1 には，肥料使用量の増加傾向の他に，もう 1 つ重要な事実が示されている．それは近年における肥料 1 キログラム当たり穀物生産量の停滞である．これが収穫逓減の法則(第 4 章)の作用であることはいうまでもないが，もし将来にわたって肥料効率の減少傾向が続くとなると，それは「収量に関する成長の限界」という重大な問題となる．

しかし実際にはこの第 2 の問題は，現在のところそれほど深刻ではない．なぜならば，現在の先進国の肥料使用量と穀物収量とは世界の平均値よりもはるかに高いからである．**表 11-2** に示している日本や欧米諸国を平均すると，世界平均の 1.4 倍の化学肥料を用いて，世界平均の 1.7 倍の収量をあげている．

この事実は，少なくとも穀物収量の面に関しては，成長の限界がなお遠くにあることを示している．世界の平均収量を現在の日本やヨーロッパの水準にまで高めれば，穀物生産量はほぼ倍増するからである．

化学肥料の当面する問題は，成長の限界よりも環境汚染の方がはるかに重大である．その中で最も深刻なのは**地下水の汚染**である．大量に農地に投入された化学肥料は地下に浸透し，地下水中に滞留する．地下水汚染は，主に地下水を飲用水源としているアメリカやヨーロッパで特に深刻な問題となっている．

農薬の使用には，化学肥料以上に重大な資源・環境問題があることは，除草

表 11-3　農薬使用量の国際比較

（単位：kg/ha）

	2001-05 年	2006-10 年
日　本	15.7	14.0
韓　国	15.4	14.9
フランス	4.5	3.9
イギリス	3.6	3.4
アメリカ	2.4	2.5
トルコ	1.3	1.8
オーストラリア	0.7	0.8

出所）FAOSTAT.
注）5 か年の単純平均．分母は耕地面積（arable land）である．

剤・殺虫剤がいずれも生物にとっての毒性物質であることを考えれば明らかであろう．この毒性物質が農産物に残って人間の健康を害する**残留農薬**の問題はいうまでもないが，農薬が直接の対象である雑草や害虫を駆除するだけではなく，生態系の全体にダメージを与える危険があることは，**レイチェル・カーソン**がその名著『沈黙の春』によって指摘したところである．

農薬の使用には，化学肥料以上の地域差がある．**表 11-3** の示すように，日本では大量の農薬が使用されている．その 1 ヘクタール当たり使用量は，昨今ではアメリカのほぼ 6 倍，イギリス・フランスの 4 倍ほどにのぼる．韓国は日本に近いが，オーストラリアやトルコは日本の 10 分の 1 から 20 分の 1 である．

農業近代化の第 3 の問題は，高収量品種そのものの普及にともなう作物の多様性の低下である．これは，成長の持続性ないし成長の限界に関連した**生物学的多様性**（biological diversity）の問題の一種である．

動植物の存在は，その量が資源であるだけではなく，その多様性もまた資源である．「同系交配（inbreeding）」が生命力の衰弱をもたらし，逆に「異系交配（outbreeding）」が**雑種強勢**をもたらすことは，広く知られている．

高収量の改良品種が普及する以前には，世界のそれぞれの地域において，多数の在来種の作物が栽培されていた．日本でも，明治時代には数千種以上のさまざまな在来種の水稲が栽培されていたが，現在ではコシヒカリを始めとする主要 10 品種だけで作付けの 70% 以上が占められるようになっている．

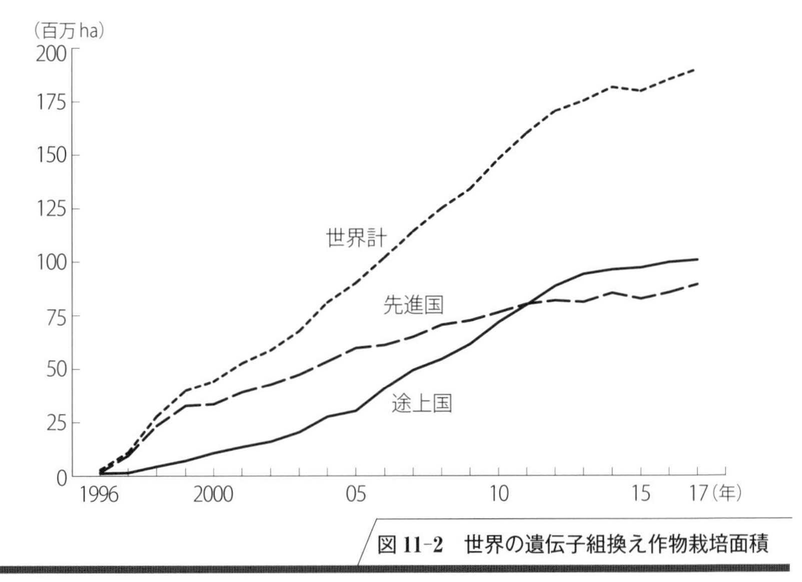

図 11-2　世界の遺伝子組換え作物栽培面積

出所) ISAAA, *Global Status of Biotech/GM Crops*(各年版).

品種改良について，最後に**遺伝子組換え体(GMO)**について述べておく．1970 年代以降のバイオテクノロジーの発展にともない，遺伝子組換え技術による新品種が次々と開発されるようになった．90 年代からは飼料や食料として実用化され，**図 11-2** に示したように，その栽培面積は年々増え続けている．特に貿易量が多い主要食料で普及率が高く，2018 年現在世界の大豆栽培面積の約 80%，トウモロコシでは約 30%，ナタネでも約 30% が遺伝子組換え体となった．GMO による作物開発は農業生産性の向上に大きく貢献してはいるけれども，食物としての安全性や生態系に及ぼす影響などの面で，新たな問題を提起している．

農業近代化の第 4 の問題は，**大規模単作経営化**の傾向である．**単作経営**は**複合経営**に対する言葉であって，1 つの農場で多種類の作物栽培や畜産とをあわせて行う複合経営に対して，1 作物だけを大規模に栽培するのが単作経営である．

日本語で「百姓」というように，自給自足の農業では，穀物も野菜も作り，また同時に作物だけではなく家畜も飼養するのが普通のやり方だった．しかし近代農業では，「耕種(field crop)」と「家畜(livestock)」とが分離し，耕種でも小麦なりキャベツなりに特化し大規模化する傾向が強い．工業における大量生産が分業化によって進展したのと同じ原理が，農業においても働いたのである．農業生産のM過程は，基本的に工業と同じ原理によっているのだから，大規模単作化は近代農業の自然な発展である．

大規模単作化は，持続性の問題と汚染の問題とを同時に引き起こした．同一作物を同じ農地で栽培し続けると**連作障害**が生じ，また**地力低下**が起こって，病害虫が発生したり収量が下がったりすることは，古くから農業技術の常識であった．現在の大規模単作経営は，化学肥料や農薬の多用によって，連作障害を抑え地力の低下を補っているが，それが将来どこまで有効であるかという疑問には，まだ明確な答えが出ていない．これが持続性の問題である．

有畜複合農業には，家畜の糞尿を肥料とし農地に還元するという農法に典型的にみられるようなリサイクル性があった．しかし1か所で数千頭を飼養するような大規模畜産では，その糞尿はあまりに大量であるため農地還元が不可能である．牛1頭の糞尿の量は，人間50人分に当たるほどであり，5000頭の牛の肥育牧場は25万人の都市に匹敵する糞尿を処理しなければならない．

畜産だけではなく，大規模単作農業ではリサイクルが一般に困難である．膨大な量の麦わらは，帽子にする訳にもいかず，麦わらを農場で焼き捨てる**ストロー・バーニング**の黒煙がロンドンの空をおおうまでにいたったのである．

第2節　近代農業の外部不経済

蜂蜜をとる養蜂場と，リンゴの果樹園とが隣り合っていると，蜜蜂はリンゴの花の蜜を吸うと同時に，雄しべの花粉を雌しべに交配する．こうして養蜂場と果樹園とは共に利益を得るけれども，その利益は経済外の利益として，お互いにその代価を貨幣で払いもしなければ受取りもしない．――これがミクロ経済学でいう**外部経済**(external economy)の古典的な例である．

こうした外部経済は，今でも農業に多く残っている．リンゴ園に咲く白い花や夕暮れの牧場で草を食む羊の群は，見る人の心を楽しませくつろがせる．これは農業の外部経済である．道行く人々は，リンゴ園にも牧場にも代価を支払わないからである．

しかし一方において，近代的農業の発展は，代価を支払わないままに，資源を消費したり環境を汚染したりする結果をもたらしている．これは，外部経済の反対で**外部不経済**(external diseconomy)と呼ばれる現象である．

農薬の使用が生態系全体に影響を及ぼす**沈黙の春**(silent spring)については，先に述べた．水田に多量の殺虫剤を投入すると，ウンカやメイチュウなどの害虫だけではなく，稲に害を及ぼさない昆虫も，蛙などの小動物も死に絶える．その影響はさらに広がり，昆虫や小動物を餌とする小鳥の数が減少する．こうして，蛙も啼(な)かず小鳥の声も聞こえない沈黙の春がやってくるのである．

工場内での毒物の使用は，時には水俣病のような悲惨な公害を招くこともあるが，多くは適切な管理によって外部への影響が遮断される．農業の場合は，工業のような強い有毒物質を用いることは少ないけれども，世界に広がる広大な農用地への化学物質の投入は，その影響の及ぶ範囲があまりにも広大であって，その結果を正確に知ることさえ非常に難しい．

そもそも農用地自体が，人間の生活環境の一部なのである．したがって，農用地への農薬の投入は，それ自体が生活環境の汚染という面を持たざるを得ない．肥料は必ずしも有毒物質ではないけれども，飲用水源としての地下水に浸透するとなると，やはり資源の損耗ないし環境汚染として考えざるを得ない．

近代的農業における化学物質の大量使用が資源や環境に及ぼすこうした害に対しては，農業は何の代価も支払わないのが普通である．したがってそれらは，農業の外部不経済ということになる．

耕地の拡大も，資源・環境との関係において，外部不経済の面を持っている．しかし現実には，その外部不経済を確定的に把握することは容易ではない．それは量的な測定が困難なだけではなく，そもそも因果関係の確認すら難しいことが多いのである．

外部不経済は，生産者にとっては代価を支払わないのであるから，経営の費用には算入されない．しかしそれは，社会全体にとっては明らかに損失であり，生産にともなう費用である．この場合，生産者が支払う費用を**私的費用**といい，生産者は負担しないが社会全体にとって負担となる費用を**外部費用**と呼ぶことができる．社会にとっての総費用は，私的費用と外部費用とを加え合わせたものとなる.

もし外部不経済に何の制限も加えないで放任しておくと，資源の浪費や環境の汚染が進んでしまう．外部不経済には誰も直接に代価を支払わないので，外部不経済の大きい産業の生産物価格は，社会にとっての本来の総費用よりも安くなるが，安ければ需要は増加するから，生産量も増加する．すなわち，外部不経済のある産業はそれだけ不当に大きくなり，逆に外部不経済のない産業は不当に小さくなって，資源分配がゆがめられる．これはミクロ経済学で**市場の失敗**(market failure)と呼ばれる現象の 1 つである.

外部経済や外部不経済のために起こる非効率を是正するには，理論上は，外部経済に対しては補助金を与え，外部不経済に対しては課税すればよい．これを**外部性を内部化**するという．しかし実際には，広大な農用地を用いる農業生産に関して，その外部経済や外部不経済を測定するのは不可能に近い.

農業の場合，先進国の国内農産物価格が政策的に高く支持されていると，それは第 4 章で説明した経済的最適収量を高めることを通じて，肥料・農薬などの投入水準を高める効果を持っている．もし肥料・農薬の使用が外部不経済をともなうならば，経済の効率的資源配分は，市場の失敗と農業保護政策とによって，二重にゆがめられることになる.

もちろん，これだけの理由によって，先進国の農産物価格支持政策が誤っていると断定できる訳ではない．市場に対する政策的介入の正当性は，価値判断を含むさまざまな要因に依存しているからである．しかしながら，1980 年代半ば以降，日本，EU，アメリカの政策的支持価格水準が，いずれも次第に引き下げられる傾向にあり，その背景には，農産物過剰とならんで農業の環境汚染問題があるのは事実である.

現実的には，例えば減農薬栽培を例にとると，農薬使用を減らすのは**汚染者負担原則**の観点から農家が当然やるべきことという見方がある一方で，自然条件に依拠する農業では大幅な減農薬はそう簡単ではないことから，減農薬による環境や人の健康状態への貢献を農家による公益的機能の発揮とする見方もある．そこで問題となるのは，「汚染者負担原則の適用」と「公益的機能の発揮」の境界をどこに設定するかである.

そこで EU などでは，現在の技術水準からみて，当然このくらいまでは農家の自己責任で達成すべき農法(例えば施肥体系)というものを基準として設定(この基準を一般的にはレファランスレベル(reference level)と呼称する)して，そこまでは自己責任で達成しないと農家は所得支持などを目的とする直接支払いを受けられなくなるという形で一種の義務(**クロス・コンプライアンス**と呼ぶ)とし，それを上回る環境に配慮した努力に対しては環境への貢献そのものを評価し，その農法遂行に必要な追加的費用や所得減少分を補助金として支給する(環境支払い)というような政策体系が採用されている．このような政策体系のもとで，所得支持のための直接支払いを受給する農地での農業生産活動がもたらす環境水準を，レファランスレベルにそろえることが可能となり，そのことが適切な多面的機能の発揮を下支えすることとなる．

化学肥料・農薬を使用せず，遺伝子組換え技術なども使用しない**有機農業**や，化学肥料・農薬の使用量を減らしたり，耕起栽培を取り入れるなどして，農業生産に由来する環境への負荷をできる限り低減した農業を**環境保全型農業**と総称する場合もある．このような農業生産の方法に対比して，現在一般的に行われている(例えば一般的に普及している通常の施肥体系に基づく)農業を**慣行農業**(conventional farming)と呼ぶ用語法も広く使われている．この用語と，前章で「近代化農業」に対比して用いた「慣習的農業」とは意味が異なるので留意されたい．

第3節　農業生産の持続性

近代農業における化学物質の多用や大規模単作化の進行は，環境汚染の問題と共に，生産力の持続性ないし成長の限界の問題をも提起している．この問題は，経済学的には，**世代間分配**ないし社会の**時間割引率**の問題として説明することができる．

農業生産の持続性とは，地球の資源・環境の制約のもとで，将来においても現在と同じように食料を生産することが可能かどうかという問題である．

このような問題が起こるのは，現在世代の人々が大量の食料を生産し消費すると，将来世代の人々が消費可能な食料が減少する可能性があると想定されるからである．このような関係は**トレード・オフ**(trade-off)と呼ばれ，**図 11-3** に

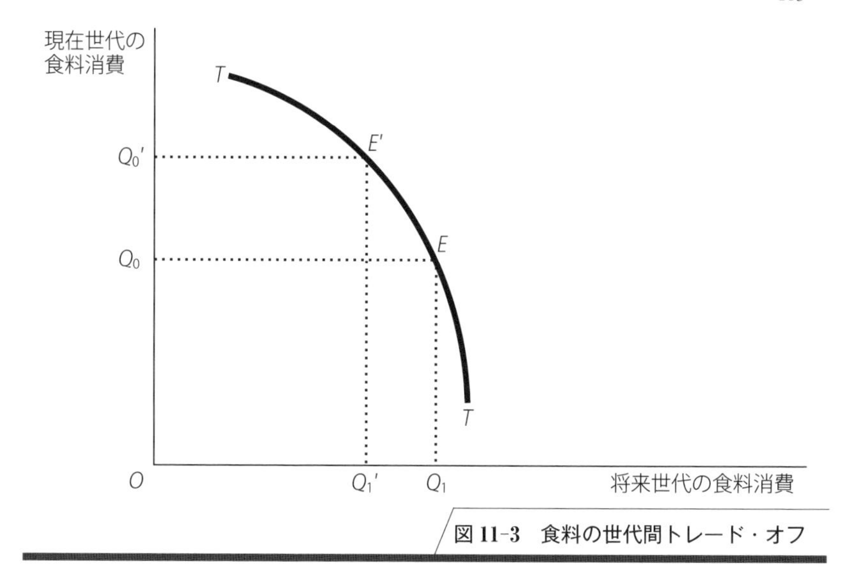

図 11-3　食料の世代間トレード・オフ

示されているような右下がりの曲線として表すことができる.

図 11-3 は, 縦軸で示される現在世代の食料消費が大きくなると, 横軸で示される将来世代の食料消費が小さくなることを表している. このトレード・オフ曲線は, 地球の資源・環境の制約のもとでの食料の技術的生産可能性を示すものであるから, ミクロ経済学の「生産フロンティア」の一種である.

もしこのようなトレード・オフ曲線が実際に確認されているとすれば, その曲線上のどの点をとるかは, 現在世代にとっての選択の問題となる. 現在世代が点 E をとって, Q_0 だけの食料を消費すれば, 将来世代には Q_1 だけの食料消費の技術的可能性が残される. しかし現在世代が点 E' を選択して Q_0' の食料を消費すれば, 将来世代には Q_1' の食料しか残されない.

与えられたトレード・オフ曲線 TT の上のどの点を選択するかという問題を形式的に処理する 1 つの方法は, 現在世代の食料 1 単位の価値を P_0, 将来世代の食料 1 単位の価値を P_1 として, $P_0Q_0+P_1Q_1$ が最大になるように, 現在世代の消費量 Q_0 と将来世代の消費量 Q_1 とを決めることである. もちろん, 点(Q_1, Q_0)は TT 上になければならない.

このように定式化すると, P_1 に対する P_0 の比率が高いほど Q_0 は大きくなり，比率が低いほどQ_0は小さくなる．この比率から1を引いたP_0/P_1-1は**時間割引率**(time discount rate)と呼ばれ，現在の価値よりも将来の価値が割り引かれる程度を表している．消費者行動の動機(欲望や満足)に着目した**時間選好率**(time preference rate)というのも意味は同じで，現在の消費から得られる満足度よりも将来の消費から得られる満足度が割り引かれる程度を表す．ただしその計算方法は，終章で少し触れる人間の**効用**という概念について，ミクロ経済学的見地からやや踏み込んだ知識を要するので，本書では省略する．

TT上からP_0/P_1を基準として点Eを選択するという図式は，現在の生産フロンティアから価格比率を基準にして最適点を選択するという問題に似ている．決定的な違いは，先に述べたように，P_0もP_1も現在世代が一方的に決めるものであって，将来世代の選好は全く反映されないということである．

現在世代の間での食料の分配問題では，市場経済の範囲内において，先進国の人口と開発途上国の人口とが，それぞれの所得に応じて決定に参加する権利を持っている．その所得に格差があるために**分配の公平**(equity)の問題が生じ，援助やその他の手段で政策が関与するけれども，基本的な分配のメカニズムが市場原理であることは，第8章で説明したとおりである．

食料の世代間分配の問題が，第8章で述べた先進国と開発途上国との間の分配問題と異なるのは，トレード・オフ曲線上のどの点を選択するかについて，一方の当事者である将来世代には何の発言力もないという点である．時間の流れの上流にある現在世代は，自分で汲みたいだけの水を汲む．下流にある将来世代は，残った水を汲むしかない．

このように，現在世代に100%の決定権があるという点で，世代間の分配問題はきわめて特殊な問題である．それは基本的には，市場メカニズムによって解決される問題ではなく，政策的選択の問題であると考えられる．

市場メカニズムも，民主主義の政治のメカニズムと同じく，人間の生活に関する社会的選択ないし決定のための仕組みである．民主主義における政治的決定の原則が1人1票であることになぞらえていえば，市場における経済的決定の原則は1ドル1票である．これまでしばしば，市場は民主主義の一部であると述べてきたのは，1人1票の原則の方が1ドル1票の原則よりも上位にあり，市場のメカニズムは民主主義によって容認される範囲内で動いているのだという考えを示している.

民主主義の一部としての市場においては，参加者の全員に，最低限の生活を可能にするだけのドルを持つことが保障されていなければならない．もし市場自体にそれを保障する能力がなければ，それを補うのは政策の責任である.

一方世代間の食料分配の問題では，将来世代のドルはゼロである．つまり将来世代は，市場の決定に全く参加する力がない．その意味で，世代間の分配問題，とりわけその分配の公平の問題は，市場によってではなく政策によって決定されるしかない事柄なのである.

理論上はこうなるけれども，現実問題として最も重要なのは，トレード・オフ曲線 TT が実際には確定できないということである．ことに将来というのが30年先とか50年先のこととなると，実際には TT の形は何もわからないのが実情である.

農業生産力の持続性について現在指摘されている問題のほとんどは，超長期の問題である．経済学で**長期**というのは普通10年くらいの期間で，10年を超える将来のことは**超長期**になるが，第1節で述べた近代農業の持続性の問題は，すべて長期ないし超長期の問題であり，10年以内の短期の問題ではない.

もちろん，厳密にいえば，超長期の将来だけではなくすべての将来は人間にとって不可知の要因を含んでいる．とりわけ気象や地震など災害の予知能力は，現在の科学にはほとんどないといっても過言ではない．しかし毎年繰り返される作況の変化に関しては，経験にもとづく常識の範囲で何とか対処できる.

問題は，年々の作況変動ではなく，それを平均した**トレンド**の変化である．20世紀後半の50年間において，収量のトレンドは人口増加のトレンドを上まわる成長率を保っていた．このトレンドが逆転し，人口が収量を上まわる速度で増加し始めるとなると，それは作況変動とは全く別の問題として考えなければならない.

化学肥料や農薬に依存する近代農業が土地の本来の生産力を衰弱させ，収量の傾向的低下というトレンド変化を招くという**地力低下**の問題についていうと，現在の知識でその危険性を否定することはできないが，それが世界の食料供給に実際に影響するのは，超長期の将来のことである.

また熱帯雨林の伐採や，GMOを含む高収量品種の普及による生物学的多様性低下の問題についても，やはり現在の知識でその危険性を否定することはできない．しかしそれが世界の食料生産力トレンドの低下という事態を現実に引き起こすのは，やはり超長期の将来のことである．

地球温暖化(global warming)は，農業や食料に限った問題ではないが，将来世代にかかわる最大の超長期問題であろう．そして現在の農業生産のあり方や食料消費行動も，地球温暖化の傾向にかかわる要因の一部をなしている．

以上述べたように，超長期の食料生産力の予測が不確実であり，トレード・オフ曲線 TT が確定しないことは，世代間の分配問題に関する市場の機能をほとんど無力にしている．しかしながらそれは，食料生産の持続性の問題が，市場メカニズムとは全く無関係であることを意味するものではない．

この問題に関して非常に重要なのは，これまで繰り返し説明してきたように，世界の食料が，現在の世界人口の間に不平等に分配されているという事実である．現在の世界人口は，食料消費がすでに成熟段階に達したごく少数の先進国の住民と，食料消費がなお量的な充足に達しない多くの国々の住民とに分かれている．

この現状で，超長期の問題に関心を持ち，超長期の将来世代のための資源保存に力をさくことができるのは，豊かな国の人々だけである．かろうじて今日の食料を確保することしかできない国の人々の時間割引率は非常に大きく，将来世代の食料に一定の価値 P_1 を与えられるのは，食料消費が成熟段階に達した後のことである．

第4節　資源・環境としての農用地

農業における資源・環境問題は，他の産業とは決定的に異なる面を持っている．それは，農業の主要な生産手段である農地それ自体が，自然資源であり人間の生活環境でもあるということである．

もちろん，農用地は自然そのままの土地ではない．特に穀物や野菜が栽培される耕地は，自然の土地の上に長年にわたる人間の投入が加えられた**土地資本**(land capital)である．灌漑用のダムや用排水路，農業機械のアクセスのための農道などの固定資本がともなってはじめて，土地は農業の生産要素としての農地になるのである．数百年を超える長い間に，現在の農地には莫大な資本が投下されている．

しかしながら，イギリスの経済学者**デイビッド・リカード**が述べたように，農業の生産力がその根本において「土地の本源的で減耗することのない力(the original and indestructible power of soil)」に依存しているという事実は，現在でも変わってはいない．

農地から生産される穀物の本体は，空気中の二酸化炭素が固定された炭水化物である．空気中の二酸化炭素を炭水化物に変化させるプロセスは**光合成**であるが，誰でも知っているように，光合成を行う基本的な力は太陽のエネルギーである．純粋に技術的な観点からすれば，農業生産への労働，資本，肥料などの投入は，太陽エネルギーの作用を補助するに過ぎない．

農業で生産される植物の全体を，根や茎をも含めて**バイオマス**(biomass)と呼ぶ．バイオマスの量は，重量でも測られるが，その本体は固定された炭素の量である．そしてバイオマスを構成する炭素は，空気中の二酸化炭素が光合成によって姿を変えたものなのである．

このように考えると，農業の生産要素としての農地の本体は，それがたとえ莫大な資本を合体した土地資本であったとしても，太陽のエネルギーを受けとるために地表に広がった土地そのものであることが理解される．この広大な土地は，自然資源以外の何ものでもない．そして光合成を行う能力は，太陽エネルギーが不滅である限り不滅である．

しかし反面において，農地(とりわけ耕地)は，人間の「生産した生産手段(produced means of production)」であることも重要である．アクセスする道路のない土地には，いかに大量のバイオマスが生産されていたとしても，それは人間の食料にはならない．また，洪水のために水没したり，雨が降らないと水分がなくなったりする土地では，光合成は不可能である．

耕地の表層をなす**耕土**も重要である．稲や小麦などの食用穀物が生育するためには，単なる土地ではなく，水分や養分を貯え，かつ作物が充分に根を張ることのできる耕土が必要なのである．この耕土は，一部は自然の肥沃な土壌そのものであるけれども，一部は長い間の耕作によって改良されたものである．

すでに述べたように，世界の農用地は合計48億ヘクタールという広大な土

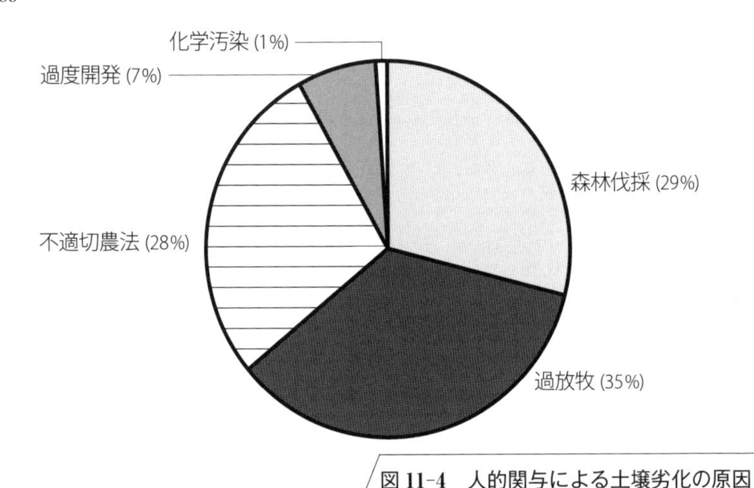

図 11-4　人的関与による土壌劣化の原因

出所）UNEP, *World Atlas of Desertification,* 2nd ed., Arnold, 1997.

地であるけれども，穀物の栽培が可能な耕地は，そのうちの 15 億ヘクタールに過ぎない．耕地とは耕土を持つ土地のことであり，耕地を除く残りの 33 億ヘクタールの草地ないし採草放牧地は，耕土を持っていないのである．

土壌劣化ないし**土壌保全**の問題は，主としてこの耕土に関するものである．耕土は，農地の表層 30 センチメートル内外の薄い層をなしていて，さまざまな原因で劣化したり失われたりする．そしていったん劣化した耕土をもとの肥沃な土地にもどすには，莫大な土壌改良の投資が必要である．人工的な改良なしに，自然の生態系で 1 センチメートルの土壌が蓄積されるためには，100 年を超える長い年月が必要とされる．

土壌劣化には，自然現象によるものと，直接的な人的関与によるものとがあるが，**図 11-4** は，後者の人為的土壌劣化の原因について UNEP（国連環境計画）の推計を示したものである．図が示すように，不適切な農法はその主要な原因の 1 つであり，これも不適切な農法の一種である**過放牧**と，耕地拡大と密接に関わっている森林伐採とを加味すると，人為的な土壌劣化の大部分が農業によるものだとさえ言えるのである．

耕土が水に流される流亡や風に運び去られる風蝕によって失われることを**土壌浸蝕**（erosion：エロージョン）というが，不適切な農法や過放牧はエロージョンの原因ともなる．また森林の伐採が洪水を招くことはよく知られているが，洪水は森林中に数千年にわたって蓄積された肥沃な土を流亡させる．

このようにして，土壌劣化の結果不毛化する土地の面積は，国連の推計(UNCCD, *Global Land Outlook*, 2017)では毎年約1200万ヘクタールに及び，その大半がもとは耕地か牧草地であるという．それでも世界の耕地と牧草地の総面積が長年にわたって減少していないのは，土壌劣化による潰廃面積を上まわる新しい開発が行われてきた結果なのである．

世界全体として，新しく耕地にすることのできる**潜在可耕地**がどれだけ残っているかについてはいろいろの推計があるが，大まかにいえば，現在の採草放牧地がほぼそれに当たるものと考えられる．しかし採草放牧地を耕地にするためには，土壌改良や用排水施設などのための巨額の投資が必要であり，また資源・環境上の問題も発生する．土壌劣化を防ぎ，現在の耕地を保全することが重要である．

近代化以前の農業は，それなりに**地力保全**の仕組みを持っていたと考えられる．家畜の糞尿を耕地に還元する有畜複合農業は，その典型的な例である．羊や牛の放牧密度(1ヘクタール当たりの放牧頭数)を一定以下におさえるのも，伝統的な地力保全技術の1つである．また伝統的な**焼畑農業**において，焼畑としての使用を適切な頻度におさえるのも，世界の至る所でみられる慣習であった．

農地の保全が重要な問題になってきた基本的な原因は，人口の増大である．爆発的に増加する世界人口を養うためには，放牧密度や焼畑の使用頻度を旧来のままの水準にとどめておく訳にはいかない．

農業の近代化もまた土壌劣化の原因となっている．化学肥料の大量使用や大規模単作化の問題については，すでに第1節で述べたが，経済効率を追求する近代的農業にはエロージョンの原因となる面もある．その反省から近年，**持続的農業**(sustainable agriculture)という言葉が用いられるようになったけれども，その内容はまだほとんど明確になってはいない．

持続的農業の技術的内容は，これからの研究と普及とを待たなければならないが，農業の持続性の根元が，農地の自然資源としての性質にあることは明らかである．太陽エネルギーを受けとめて光合成を行う場としての農地は，それ自体は不可滅の自然資源である．それを保全することこそが，農業の持続性の基本である．

農地の保全に関して非常に重要なのは，適切な農業生産が農地の保全に貢献するのみならず，農地を改善する可能性すら持っているという事実である．農地の保全は，それを生産に使用することと矛盾しないという点において，石油などの**枯渇性資源**とは決定的に違っている．それは基本的には**持続可能な資源**である．その意味で，農業生産と農地資源の保全とは，一面において矛盾し一面においては補完するという二重の関係にある．

人間の生活環境としての農用地の保全も，農業生産と二重の関係を持っている．牛が群れ草を食む牧草地や，夕風に稲穂がゆれる水田は，人間にとってはほとんど自然そのものに近い，望ましい生活環境である．灌漑のために掘られた用水路も，そこに水草が茂り小魚が棲んでいれば，子供の良い遊び場である．

もしそこから牛の姿が消え，稲に代わって雑草が繁茂するようになったとすると，それはまさしく野生の自然には返るけれども，人間にとって生活環境の改善になるとはいえない．多くの人間にとって，望ましい生活環境としての自然は，実は完全な野生の自然ではなく**田園**(countryside)なのである．

しかしながら，農用地が生産効率の観点から集約的に使用されるようになると，それは生活環境としての田園を破壊することにもなり得る．広い草地で草を食んでいた牛が，数百頭を集中する大規模畜産に代わり，その糞尿が野積みされるようになれば，もはやそれは望ましい生活環境としての田園ではない．

採草放牧地となると，そのある部分は農業生産に利用されている生産要素であるとはいえ，ほとんど野生の自然と同じである．アメリカやオーストラリアの大草原はいうまでもなく，イングランドやスコットランドの草地ですらも，多くの野生の動植物の生息地(habitat)である．スコットランドでは，羊の過放牧によって野生のヒース(低木)が失われることが大きな問題となり，ヒースの一種で夏に小さな紫の花をつけるヘザー(heather)は，イギリスの自然環境保全活動のシンボルにすらなっている．

広大な農用地を含む田園は，農業生産が行われることによって，生活環境としての価値を持つ．しかし反面において，経済的効率のみを追求する農業生産は，良い生活環境としての田園を破壊する．生活環境としての農用地と，農業生産の要素としての農用地との二重性は，その間に最善のバランスを保つことを必要としているが，市場経済のメカニズムだけではそれは達成できない．それは外部経済もしくは外部不経済にかかわる領域であり，それを取り扱う有効な手段はまだ確立されていないのである．

課　題

1. 日本の農業では，化学肥料や農薬の1ヘクタール当たり使用量が非常に多い．それはなぜか考えよ．
2. いろいろな作物と家畜とを一緒にした複合経営と，大規模単作経営とを比較し，長所と短所を考えよ．
3. **図11-3**で，現在の食料消費を減らさないまま将来世代の食料を確保するためには，曲線TTがどうなればよいのか作図せよ．またそのためには現在世代は何をすべきか，具体的に考えよ．
4. 資源・環境問題および農業・農村の多面的機能については，OECD／空閑信憲他訳『農業の多面的機能――OECDリポート』(食料・農業政策研究センター，2001年)が基本となる文献である．なおレイチェル・カーソンの『沈黙の春』は1962年に出版されたが，日本語訳は新潮文庫(青樹簗一訳，1974年)に入っている．また，先進諸国の政策実態を踏まえて多面的機能やクロス・コンプライアンスについて理解を深めるために，荘林幹太郎・木下幸雄・竹田麻里『世界の農業環境政策――先進諸国の実態と分析枠組みの提案』(農林統計協会，2012年)，荘林幹太郎・木村伸吾『農業直接支払いの概念と政策設計――我が国農政の目的に応じた直接支払い政策の確立に向けて』(農林統計協会，2014年)などが参考になる．
5. 1972年に発表されたローマ・クラブ報告は，近代的成長について計量モデルによるシミュレーションを試みて大きな反響を呼び起こした．日本語訳は，ドネラ・H.メドウズ他／大来佐武郎監訳『成長の限界――ローマ・クラブ「人類の危機」レポート』(ダイヤモンド社，1972年)．
6. 現代の科学技術については，農業技術に限らず，さまざまな問題点が指摘されているが，シューマッハーが1973年に発表した*Small Is Beautiful*が最も早くかつ広く読まれた．日本語訳は，E.F.シューマッハー／小島慶三・酒井懋訳『スモール イズ ビューティフル——人間中心の経済学』(講談社学術文庫，1986 年)．

第12章

日本の農業と食料

農業と食料に関するデータを国際比較すると，日本だけがとび離れた数値を示すことが多い．とりわけ所得水準の高い先進国の間の比較では，日本の農業と食料の特異な姿が目立っている．

日本はその1人当たりGDPの高さでは，アジアで最も早く西ヨーロッパやアメリカと同じ経済発展段階に達した国である．日本の都市的世界は，過去半世紀の急速な近代的成長によって欧米に接近したが，1人当たりGDPが世界のトップ水準に達してからもなお，日本の農業と食料消費の実情はさまざまな点で特異な姿を示している．

都市的世界に比べて，はるかに強く歴史や風土に依存する農業的世界では，日本の特異な姿が目立つのは当然である．都市的世界の変化によって，日本の農業的世界は新しい意味を与えられ，新しい立場におかれざるを得なくなった．日本の農業的世界は，明らかにヨーロッパ諸国とは異なり，またアメリカやオセアニアとも異なるアジアの農業的世界でありながら，都市的世界との対比においてみるとき，歴史と風土とを共にするアジアの農業的世界とも異質のものとなったのである．

アジアにありながら非アジア的な意味を与えられた日本の農業的世界は，そのことによってさまざまな問題に直面することとなった．欧米諸国に比較して零細な農場規模，世界市場価格よりも高い農産物価格，高所得国の中で特殊な日本型食生活そして低い食料自給率など，誰の目にも明らかな多くの問題が，日本の農業的世界のおかれた特異な立場を示している．

これらの問題は，ある程度までは，日本の農業的世界の近代化の遅れと考えることができる．しかしながら，日本の農業的世界が直面しているすべての問題が，欧米の方向に近づくという意味の「近代化」によって解決されるかどうかは，必ずしも明らかではない．それにそもそも，限りなく欧米の方向に近づくことが望ましいのかどうかも，1つの重要な問題なのである．

ともあれ，日本の農業的世界は，いわゆる「近代化の遅れ」に苦しみながら，おそらくなお十数年の間模索を続けなければならない運命にある．ここには，日本の農業経済学にとっての特異な課題がある．しかしまた，現在日本が直面している「特異な課題」は，やがてアジアの多くの国にとって共通の課題となるかも知れない．

ところで，日本の農業政策は21世紀に入って大きく転換した．その直接の契機をなしたのは，1999年に成立した**食料・農業・農村基本法**(**新基本法**)であるが，その背景には，1961年**農業基本法**(**旧基本法**)とそのもとでの政策の枠組みであった**旧基本法農政**の抜本的改革をせまる国内外の状況変化があった．

国内状況の変化は，経済成長にともなって日本の産業構造と消費構造，つまり社会生活のあり方全体が変化し，それが農業・農村にも及んだということである．農業・農村に対する国民のニーズも変わり，また農業・農村の内部事情も大きく変わった．新しい酒を盛るための新しい皮袋が必要となったのである．

国際関係も，やはり日本の経済成長にともなって大きく変わった．日本は工業製品の輸出大国となる一方，食料の輸入大国となり，またドル換算による1人当たりGDPは世界のトップ水準に達した．こうした変化のもとで，日本の農業政策もガットのウルグアイ・ラウンド(UR)農業交渉合意に従って変更せざるを得なくなったのである．

本章では，第1節から第4節で日本農業の特質と旧基本法農政下において生じた変化を説明し，第5節では新基本法の成立について述べる．最後に第6節において，21世紀以降の農政の方向性や現状について簡単に説明する．

第1節　日本の農業・食料問題

日本の農業的世界がアジアの歴史と風土にどれだけ強く依存しているかは，**表12-1**を一見すれば明らかである．農業生産も食料消費も，国民1人当たりのGDPからみれば遠く離れているアジアの国々と最も近く，GDP水準を共にする西欧のどの国にも似ていない．食料(穀物)自給率については後にくわしく述べるが，これも韓国と並んでその低さがきわだっている．

表 12-1　日本の農業と食料の特質(2013 年)

	1人当たりGDP(千ドル)	GDPに占める農業の割合(%)	穀物生産に占める米の割合(%)	穀物自給率(%)	1人1日当たり供給熱量	
					熱量(kcal)	うち穀物・芋類の割合(%)
日本	40.5	1.1	88	24	2,726	42
韓国	25.9	2.1	96	22	3,334	43
中国	7.1	8.9	30	100	3,108	51
タイ	6.2	11.3	82	143	2,784	49
インド	3.3	17.1	44	90	2,459	58
アメリカ	53.0	1.3	1	126	3,682	24
イギリス	42.9	0.7	0	87	3,424	31
フランス	42.6	1.5	0	190	3,482	30
イタリア	35.4	2.1	5	82	3,579	34

出所）GDP：World Bank，その他：FAOSTAT.

農地賦存条件が全く違う新大陸の国々を別にして，西ヨーロッパと比較すると，日本の農業的世界のアジア的な姿がよりはっきりと浮かび上がってくる．本節では，日本と同じように大陸に近接した島国であるイギリスとの比較で検討しよう．そのための主要なデータは**表 12-2** に示してある．

日本とイギリスとでは，人口密度は日本の方が高いけれども，より決定的に異なるのは国民1人当たり農用地面積である．2015 年現在，約1億 2700 万人の人口を持つ日本の総農用地面積が約 450 万ヘクタールであるのに対し，人口約 6500 万人のイギリスの総農用地面積は約 1714 万ヘクタール，1人当たりにすれば日本の 7.5 倍である．これほどの差が生じるのは，イギリスの国土の大部分が平坦地やなだらかな丘陵地であるのに対し，日本は国土のほぼ 70% を急峻な山や森林が占めているからである．

イギリスでは，農用地は全国土面積の約 70% を占めている．これはイギリスの農業生産にとっては恵まれた条件であるが，反面で農業と環境との対立を厳しくする要因ともなっている．日本では山が野生動植物の主な生息地だが，イギリスでは兎もリスも農用地の「hedge(生垣)」の中に棲んでいるし，バタカップやブルーベルなどの野生の花も農用地に咲いているのである．

イギリスの農用地は，約 21 万の**農場**(farm)に分かれている．1農場の平均

表 12-2　日本とイギリスの農業概況(2015 年)

	日　本	イギリス
総人口(百万人)	127.1	65.1
人口密度(人/100 ha)	351.0	270.3
総人口に占める農村人口の割合(%)	8.6	17.4
国土に占める森林の割合(%)	68.5	13.0
国土に占める農用地の割合(%)	12.3	70.8
農用地に占める耕地の割合(%)	93.5	35.1
国民 1 人当たり農用地面積(a/人)	3.5	26.3
農家(farm)数(万戸)	215.5	21.4
農家 1 戸当たり農用地面積(ha/戸)	2.2	80.4
農業生産額に占める畜産の割合(%)	43.2	61.2

出所）FAOSTAT．農家数については日本：農林水産省「農林業センサス」，イギリス：DEFRA database.

農用地面積は約 80 ヘクタールである．農場の多くは経営ごとに 1 つのまとまった土地であって，ゲートを入ればその中のすべての土地は農場経営者(farmer)が自由に利用できる．

日本の約 450 万ヘクタールの農用地は，約 216 万戸の**農家**によって耕作されている．1 戸当たりの平均農用地面積は 2 ヘクタール程度であるが，それにもましてイギリスと大きく異なっているのは，1 農家の農用地が 1 つにまとまっておらず，あちこちに分散していることである．日本の農用地は，多数の農家に分割されて経営されているだけではなく，農家ごとにまとまった土地にもなっていない．日本の農用地利用のこの特色は，**零細分散錯圃**と呼ばれている．

図 12-1 は，在来のままの零細分散錯圃を例示しているが，図のような圃場ではトラクターやコンバインを効率的に使うことが難しく，近代農業の M 技術の特色である規模の経済性にとって非常に大きな障害となる．

イギリスでも，18-19 世紀の**囲い込み**(enclosure)の前は，農用地は分散していた．しかし日本の今でも残っている甚だしい零細分散錯圃には，イギリスの畑作と日本の水田作という，主要な作物の違いも関係している．

稲は小麦よりも水を多く必要とする作物である．日本では稲が，イギリスでは小麦が主に栽培されているのは，もともとは降雨量や夏の気温などの差によるものであろう．日本はイギリスよりも年間降雨量が多いが，雨水の一部は直

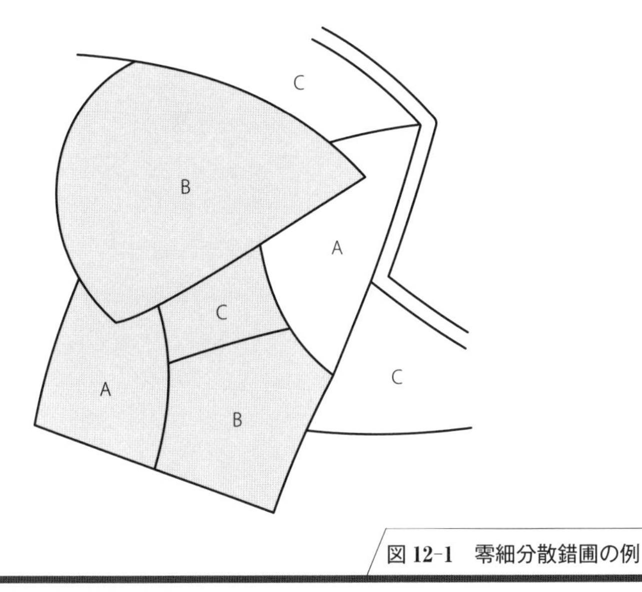

図 12-1　零細分散錯圃の例

注）A, B, C 3 つの経営の圃場が不定形に分散して交錯している．アミかけで示した圃場には道路からの直接のアクセスがない．

接に農地を潤すのではなく，河川水となって農地にとどく．その河川水も，自然のものと人口の貯水池や用水路による灌漑水とに分かれるが，いずれにせよ，河川からの必要取水量は，稲作では小麦作の数倍から 10 倍にもなる．

稲作農業では，雨の少ない年の収量は河川水の取水に決定的に依存している．したがって水をめぐる争いは，時には流血の惨事ともなったが，一方において，効率的で公平な水利用のための精密な**水利秩序**を生み出した．河川の上流と下流とに水田を分散させたのも，こうした水利秩序の仕組みの一部である．

現在の日本では，灌漑施設に対する長い間の投資によって，水不足の心配はほとんどなくなっている．分散錯圃を農場に再編成する上での水利面での障害は，ほぼ消滅したのである．

現在，日本の分散錯圃を再編成してまとめていく上で最大の障害は，農地の所有権である．イギリスの場合，20 世紀の初めには農場の 90% 近くが貸農場であり，土地所有の単位である**エステート**(estate)は多くの貸農場を一括したものであった．第二次世界大戦後からは，借地農の立場を強める立法や相続税の支払いのために，貸農場が借地農に売却されて自作農場となり，エステートの分解が進んでいることは第5章でも述べた．しかし現在でも，イギリスの農用地のかなりの部分はエステートの形で所有されており，土地所有の規模は日本と比べればはるかに大きい．

日本の場合，第二次世界大戦後の**農地改革**によって，ほとんどすべての農地の所有権が耕作農家の手に移された．農地改革は日本の社会を民主主義に移行させる上で重要な役割を果たしたが，同時にまた，土地所有を極度に細分化させる結果をもたらした．

分散錯圃が零細土地所有と結びついている日本では，これを現在のM技術に適応する規模にまで再編成することは非常に困難な課題である．実施された当時は日本の経済発展のために重要な役割を果たした農地改革の成果が，今では農業の効率化を妨げているのは，まさに歴史の皮肉である．

日本の農用地とイギリスの農用地とのもう1つの大きな違いは，日本には採草放牧地がほとんどないことである．日本の450万ヘクタールの農用地は，そのほとんどが耕地であって穀物や野菜の栽培が可能であるが，イギリスの1714万ヘクタールの農用地は耕地と永年牧草地と**採草放牧地**(rough grazing)とに分かれていて，耕地の割合は35%ほどである．

農用地におけるこの相違は，日本とイギリスの農業生産における畜産の差によっている．1990年代のBSE(牛海綿状脳症＝いわゆる狂牛病)と2001年の口蹄疫とで大きな打撃を受けたけれども，イギリスには2015年現在1000万頭に近い牛と3300万頭の羊が飼養されていて，畜産は農業生産額の約60%を占めている．一方日本には牛が約400万頭，羊が1万頭ほどいるだけで，畜産の農業生産額に占める割合は年々増えてきてはいるが，まだ43%ほどである．

農業生産に占める畜産の割合の差は，いうまでもなく食料消費構造の差にも関連している．日本人の食料消費構造は，その農業構造と同じように，1人当たりGDPの近い欧米諸国とは著しく異なっているのである．この点については，第4節で説明する．

第2節　農業基本法と農業の構造改善

日本のGDPが，戦争による崩壊から戦前の水準にまで回復したのは，1955年前後である．日本の農業は，戦争中からこの頃まで，ひたすら食料(とりわけ米)の増産という目標に向かって動いていたが，1人1日当たりの食事エネルギー供給量も55年頃には戦前の水準を回復した．

今振り返って見ると，1955年から60年頃の日本は確実に高度経済成長へと向かっていたが，その当時は日本経済の未来に関して2つの意見が鋭く対立していた．それは，生活水準を高める手段としてGDPの**分配**の公平性を優先するか，それともGDPの**成長**を優先させるかという対立であった．

そうした中1961年に制定された旧基本法は，その前年の**国民所得倍増計画**と共に，成長優先という政策的立場を宣言したものであった．それは当然ながら，分配の公平性を重視する立場の人々から厳しい批判を受けた．旧基本法は，国会においても激しい反対意見を押し切って可決されたのである．

すでに第10章で「緑の革命」に関して述べたが，近代的成長と構造変化とは表裏一体をなしている．成長を優先した農業基本法の中心理念も，**農業の構造改善**であった．農村と都市(ないし農家と非農家)の**所得格差問題**の解決を，分配政策によってではなく，経済成長による農村過剰人口(第2章参照)の解消と，農業構造改善による農業生産性の向上によって実現するという考えである．

農業の構造改善とは，農業経営の**規模拡大**のことに他ならない．旧基本法の目標とする農業経営は**自立経営**と名づけられた．自立経営とは「正常な構成の家族のうちの農業従事者が正常な能率を発揮しながらほぼ完全に就業することができる規模の家族農業経営で，当該農業従事者が他産業従事者と均衡する生活を営むことができるような所得を確保することが可能なもの」(農業基本法第15条)と定義されている．

この自立経営の定義の中には，経済学ないし社会学の観点からみて3つの重要な要因が含まれている．第1に，そこには先に第5章で述べた**家族農業経営**が，農業経営の望ましい姿として明示されている．それが**自作経営**であることは，自明の前提であった．なぜならば，すでに1952年に制定された**農地法**が，その第1条(目的)において,「農地はその耕作者みずからが所有することを最も適当であると認め」ていたからである.

第2の要因は,「正常な能率を発揮しながらほぼ完全に就業」できる経営規模ということである.この前半は,農業技術の発展に対応する**適正規模**の理念を示しているが,後半は,「ほぼ完全」な自作農業への就業,つまり**専業農家**が望ましいという理念を示している.

第3の要因は,**生活水準の均衡**ないし**所得均衡**である.戦後の食料不足期が終わるとともに,日本の農業は再び相対的縮小の傾向に直面し,とりわけ農業労働力には深刻な過剰が生じて,都市世帯と農家世帯との所得の不均衡が問題となると同時に,都市に職を求める農民の**出稼ぎ**が問題となっていた.

旧基本法は,農業の構造改善,つまり農業経営の規模拡大によってこれらの問題の最終的な解決を目指すという政策方針の宣言であった.ここで問題となるのは,経営規模拡大の結果として顕在化する農村過剰人口がどうなるかということである.旧基本法では,それは発展する非農業部門に吸収され,GDPの成長に貢献し,かつ生活水準も向上すると考えられたが,旧基本法の理念に反対する立場からは,それは農村から行き所のないままに過剰人口を排出する**貧農切り捨て政策**であると非難された.

さて,**表12-3**は1960年以降最近までの日本の農業の変化を示したものである.**表12-3**で最も目立つのは,農業従事者数の急激な減少である.60年には約1770万人であった農業従事者数は,2015年までに約1400万人減少して5分の1ほどになった.この1400万人が,ほぼ旧基本法が想定したとおりの方向で吸収され,貧農切り捨てとならなかったことは,その期間の日本経済の高度成長を経験した現在からみれば,いうまでもなく明らかである.

図12-2は,農家と都市住民の生活水準を比較したものである.農家も都市住民も,所得と消費が急速に向上する中でその格差も縮小してゆき,1人当たり家計費でみれば,1970年代からは農家の方がむしろ高くなっている.

こうした農家の生活水準の動向は,**図12-2**に示されるとおり,農家の農外所得の動向と密接に関連している.技術進歩などによって農作業時間が短縮され,また農村やその周辺への企業誘致が進んで農外就業の機会が増えたことによって,農家の総所得に占める農外所得の割合は上昇した.それが60%を上

表 12-3　戦後の日本農業の主な変化

年次	農地面積（万 ha）	農家戸数（万戸）	農業従事者数（万人）	農業産出額指数（1960 年＝100）			畜産の産出額割合（%）
				計	耕種	畜産	
1960	607	606	1,766	100	100	100	18
1965	600	566	1,544	111	105	142	23
1970	580	540	1,562	125	113	178	26
1975	557	495	1,373	133	119	202	27
1980	546	466	1,254	124	104	214	31
1985	538	423	1,137	136	120	209	28
1990	524	383	1,037	131	117	196	27
1995	504	344	908	123	114	163	24
2000	483	312	858	123	110	182	27
2005	469	285	556	115	99	186	29
2010	459	253	454	107	90	186	31
2015	450	216	340	108	86	211	35

出所）農地面積：農林水産省「作物統計」，戸数・従事者数：農林水産省「農林業センサス」，産出額：農林水産省「生産農業所得統計」．
注）農業産出額指数は農林水産省「農業物価統計調査」農産物価格指数（農産物総合）で実質化した産出額を 1960 年値を 100 として指数化した．

まわった 70 年代から，所得格差で見た農家と都市住民との格差問題は解消したのである．

ただし，農家の所得の低位性はほぼ解消されたが，農業労働から得られる所得の低位性はいまだ改善されていない．品目や地域によって事情は大きく異なるものの，**表 12-4** に示されるとおり，農畜産業全体を平均した 1 時間当たり所得は，他産業の時給水準に比較して依然として低位にとどまっている．

表 12-3 で注意しなければならないのは，農地面積の動きである．表は農地面積が 1960 年から 2015 年までに約 160 万ヘクタール減ったことを示しているが，実際にはこの期間に新たに約 160 万ヘクタールの農地が造成されている．これを加算すれば，1960 年に存在した 607 万ヘクタールの農地の半分に近い約 320 万ヘクタールが 55 年間で消失したことになる．

この 320 万ヘクタールのうち，ほぼ半分は宅地や工場用地などの都市的用途への**農地の転用**であり，残りの半分は，耕作が放棄されて野草地や林地に戻った**農地の潰廃**である．農地の潰廃は「粗放的用途への転用」と呼ばれることも

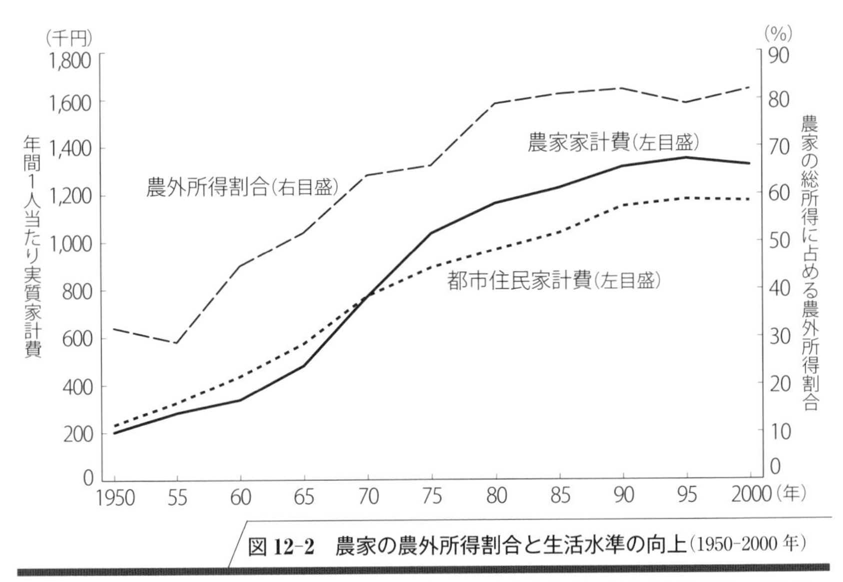

図 12-2　農家の農外所得割合と生活水準の向上(1950-2000 年)

出所）農家の所得・家計費：農林水産省「農業経営動向統計」. 都市住民家計費：総務省統計局「家計調査」.

注）対象農家は 1990 年まで総農家, 以後は販売農家. 都市住民は人口 5 万以上の市の農林漁家を除く住民. 家計費は消費者物価指数(2000 年＝100)でデフレートした実質額で示している. 2004 年より農家の所得・家計費の調査方法が変えられたため以後接続しない.

あるが, それがもともと野草地や林地から費用をかけて農地に造成されたものであることを考えると, 転用というよりは潰廃というのが正確であろう.

現在は政策的な農地造成も中止されているので, このまま農地の潰廃が進行するならば, 日本の農地面積はこれまでよりも急速に減少することになる. その現実は**表 12-5** が示すとおり, 1964 年から 90 年にいたる 27 年間の農地面積の純減少は 81 万 5000 ヘクタール, 1 年当たりで約 3 万ヘクタールであったが, 1990 年代には一段と加速して, 1 年当たり約 4 万ヘクタールとなっている. これは 1990 年以前にかなりの農地造成があったことにもよるが, 近年の特徴は**耕作放棄**である. 何かの用途に転用するのではなく, 全く使用されないままに毎年数万ヘクタールもの耕地が荒廃し, 潰廃されてゆく現状は, 日本農業の危機を最も端的に示す統計上の事実である.

表 12-3 によると, 農家戸数の減少は 1960 年から 2015 年までに 60% 以上に

表 12-4　1時間当たり所得の比較

（単位：円）

	農畜産業	法定最低賃金	一般労働者（30人以上企業）	女性パートタイム（10人以上企業）
1980	489	532	1,608	492
1990	654	515	2,293	712
2000	604	657	2,472	889
2010	665	730	1,983	979
2017	961	848	1,981	1,074

出所）農家：2000年まで農林水産省「農業経営動向統計」，2010年以降「農業経営統計調査」(販売農家)．最低賃金：厚生労働省「地域別最低賃金改定状況」．その他企業：厚生労働省「賃金構造基本統計調査」．
注）2000年までの法定最低賃金は「日額÷8時間」として算出した概数．一般労働者・パートタイム賃金は所定内給与のみで賞与等を含まない．

表 12-5　農地の潰廃

（単位：千 ha）

	1964-90年	91-2000年	2001-10年	2011-17年
拡張計	919	53	28	37
潰廃計	1,734	466	265	185
耕作放棄	961	227	141	77
転用・自然災害その他	773	239	124	108
農地減(潰廃－拡張)	815	413	237	149

出所）農林水産省「耕地及び作付面積統計」．
注）拡張は新規造成と潰廃地復旧との合計．
植林による潰廃は1964-90年は耕作放棄に含み，以後はその他に含む．

のぼっている．一方農地は潰廃もあったので，1戸当たり農地面積が1960年の1ヘクタールからようやく2倍に達したのは2015年のことであった．

1戸当たりの農地面積があまり拡大しなかったので，正常な能率を発揮できる適正規模に達しない農家の大部分は，農業だけでは十分な所得を得られず，農外にも職を求めて**兼業農家**となった．また農外就業の内容も，1970年代には不安定な臨時雇いから恒常的勤務を主とする**安定兼業**になった．その結果は**表 12-6** が示すとおり，兼業農家の多くが農外所得を主とする**第2種兼業農家**となり，農業を主とする**第1種兼業農家**の割合はずっと小さくなった．

このような専業から兼業への流れは，高齢化が進む中で近年変化し，90年代以降はむしろ専業農家の割合が拡大しつつある．その内実は，専業農家における**副業的農家**の増加に表れている．副業的農家とは，年間60日以上自営農

表 12-6　専業・兼業別農家割合(販売農家)　(単位：%)

年　次	1960 年	1990 年	2000 年	2010 年	2015 年
販売農家計	—	77	75	65	62
専業農家	34	12	14	18	21
第 1 種兼業農家	34	14	11	9	8
第 2 種兼業農家	32	52	50	38	34
自給的農家	—	23	25	35	38
農家計	100	100	100	100	100

出所）農林水産省「農林業センサス」.
注）調査対象が 1960 年まで総農家，1990 年以降販売農家(総農家から自給的農家を除外)に変えられたため不連続である.

業に従事する 65 歳未満の世帯員がいない農家である．表に数字は示していないが，兼業農家に占める副業的農家の割合は 2000 年から 15 年の間に 54% から 59% に上昇し，一方専業農家に占めるそれは 49% から 58% へとより大きく上昇している．つまり専業農家の主体が，農外就業からリタイアしたことによって専業化した高齢世帯へと移行しているのである．かつて旧基本法が目標に掲げた専業自立経営はほとんど実現せず，この点では想定は大きく狂ったことになる．

最後に，日本農業の変化を総産出額でみてみると，**表 12-3** が示すように，それは 1960 年以降増加を続けていたが，80 年代前半にピークを迎えた後減少に転じている．特に耕種部門の減少が顕著で，2015 年には 1960 年の水準を 15% ほど下回るところまで低下した．一方畜産の産出額は，70 年代まで飛躍的に増加したので，80 年代からは減少に転じたが，2015 年にはまだ 1960 年水準の 2 倍を大きく超えている．

こうした畜産への比重の移行は，いうまでもなく国民の食習慣の肉食への移行から影響を受けており，また第 3 節でも述べるように，そうした需要変化への対応を重点課題の 1 つとした選択的拡大政策の成果でもある．

第 3 節　食糧管理制度と米の生産過剰

農業経営の規模拡大が進まなかったことは，農地の効率的利用という観点か

表 12-7　農業財政（予算額）の推移

（単位：%）

年次	国の財政に占める農林水産予算の割合	農業生産額に対する農業予算の比率	農林水産予算に占める基盤整備費の割合	GDPに占める農業の割合
1970	11.5	27.5	20.6	4.4
1980	8.4	48.7	25.0	2.6
1990	4.7	30.1	32.9	1.9
2000	4.0	42.0	31.9	1.3
2010	2.7	41.1	8.7	0.9
2015	2.4	37.0	11.9	0.9

出所）農林水産省『食料・農業・農村白書　参考統計表』（各年版）．

らみると，大きな課題を現在に残した．それは第1節で述べたように，日本の歴史と風土に農地改革が加わって確立された零細分散錯圃の問題である．

もちろん，この問題は政府によって全く手つかずのまま放置されていた訳ではない．**表 12-7** が示すように，**農地基盤整備**は近年その比重が低下しているものの，長らく農業予算の大きな割合を占めていた．1960年には多くの田畑が不定形で小さく，農道や用水路も整備されていなかったが，政策的に**圃場整備**事業が推進されてきた結果，現在では主要な農地は30アール以上の直方形に整形され，トラクターがアクセス可能なように農道が配置されている．

ほとんど手つかずで残されたのは，分散錯圃である．1つの経営に属する圃場があちこちに分散し，かつ他の経営の圃場と交錯していては，M技術が持つ大規模化の利益は有効に発揮されない．それは日本の農業の労働生産性を高める上で大きな障害となり，また世界でも賃金の高い国の1つとなった日本の農産物価格を高く維持している大きな原因となっている．

とはいうものの，農業の労働生産性は全く停滞したままだった訳ではない．**表 12-8** が示すように，稲作10アール当たり必要労働時間は1960年から2010年までに約7分の1に減少した．収量の43%の向上を加えると，労働生産性は約9倍に上昇したことになる．

これは驚異的な生産性の向上である．しかしながら，この期間の日本経済の成長速度のもとでは，50年間に9倍では不充分だった．**農業賃金**が27倍に上昇し，しかも為替レートの変化の結果，ドル・ベースの賃金は110倍になったからである．原材料価格の変化を別にすると，生産物価格の変化率は通常，賃

表 12-8　稲作の生産性と米価の推移

(1960 年＝100)

年次	平年収量	10 a 当たり労働時間	労働生産性	農業賃金	政府買入米価	為替レート(ドル／円)
1960	100	100	100	100	100	100
1970	116	68	171	378	209	100
1980	127	37	341	1,593	449	67
1990	133	25	526	2,285	420	42
2000	140	20	707	3,027	389	29
2010	143	15	936	2,709	278	25

出所）収量：農林水産省「作物統計」，労働時間・労働費：農林水産省「農業経営統計調査報告」，米価：農林水産省「食糧統計年報」，為替：日本銀行「裁定外国為替相場」.

注）労働生産性＝平年収量/10 a 当たり労働時間．農業賃金＝10 a 当たり労働費/10 a 当たり労働時間．政府買入米価は 2004 年以降廃止(入札方式に変更)されたため，2010 年値は米販売価格指数(農林水産省「農業物価統計」)を用いて算出した.

金上昇率と労働生産性上昇率の比にほぼ等しくなる．日本の米価も 27 倍と 9 倍の比である約 3 倍に上昇した．ドル・ベースでは約 12 倍になった訳である．

ところで，**表 12-8** に示した米価は，市場の自由な取引によって決まった価格ではなく，**食糧管理法**(食管法)にもとづいて政府が生産者に支払う価格である．食管法は，戦争中の食料不足に対処するために 1942 年に制定された法律である．食管法のもとでは，米や麦などの主要な食料の流通は，すべて政府の管理のもとに置かれていた．政府が，政策的に決定される**生産者米価**(政府買入米価)ですべての米を買い上げ，やはり政策的に決定される**消費者米価**(政府売渡米価)でそれを売り渡していたのである．

食料不足が解消するに従って，こうした**供出**と**配給**の**食糧管理制度**はしだいにゆるめられたが，食管法は 1995 年まで廃止されなかった．食料不足が解消し米が過剰になった後にも，米の流通は法律の上では**全量政府管理**のもとに置かれたままであった．

もちろん，戦争中から戦後にかけての厳格な統制がそのままに続いていた訳ではない．法律上も，1969 年に政府が直接売買しない**自主流通米**の制度が導入されたほか，実際には食管法違反の**自由米**も大量に取引されるようになり，取締りも行われなくなっていた．

とはいえ，1995 年の食管法廃止まで，日本の米価は政策的に決定される生産者米価を基準に動いていたことも事実である．食管法によって，政府はその決定した価格で，農家が売りたいだけの米を全量買い入れることを義務づけられていたので，米価は政府買入価格の水準以下には下がらなかったのである．

さて，1960年以降85年頃までの期間，政府買入米価は**生産費所得補償方式**によって**米価審議会**の審議を経て決定されていた．生産費所得補償方式とは，生産費の上昇分に見合う米価引き上げを行うという価格決定の方式である．そして生産費の上昇は，だいたいにおいて賃金上昇率と労働生産性上昇率との比になるのであるから，**表12-8**に示した政府買入米価の動向は，生産費所得補償方式がほぼ正確に米価決定に用いられていたことを証明している．

生産費所得補償方式は，一見すると合理的に思われるかも知れないが，そこには大きな問題が伏在していた．そしてそれは，1970年代以降，**米の生産過剰問題**として表面に現れた．

生産費所得補償方式の根本的な問題点は，米の生産費を1つの代表値によってとらえるところにある．実際には，米の生産費は一定値ではなく，農家により，また同じ農家でも圃場によって異なる肥料反応曲線上の各点で，異なった数値をとる変数である．そして，第4章や第8章で説明したように，この曲線から米の供給曲線が導かれるのである．

生産費所得補償方式の経済学的な意味は，米の供給曲線上の1点を指定することに他ならない．それは，政策的に決定された米価に対応する供給曲線上の点を指定し，その点に見合っただけの米の供給をもたらす仕組みである．この供給量が需要量に見合うものであれば，問題は生じない．しかしそれは，政策的に決定された価格が，自由な市場で形成される需給均衡価格に一致するということであるから，現実には意味のない事態である．

この期間に実際に起こったことを，市場のモデルで示したのが**図12-3**である．SSは米の供給曲線であり，$\overline{Q}$のところで垂直になっている．$\overline{Q}$が技術的に可能な最大生産量であることは，これまでの説明から理解されるであろう．

さて，1950年代までは，米の需要曲線は点Aより上で供給曲線と交わっていたと考えられる．米不足の解消が農業政策の最大の課題であったからである．しかし一方において，農業技術の進歩や農業基盤整備投資の結果として，図には示さないが，$\overline{Q}$は右へ移動し，米の生産可能量が増加した反面，他方において米の需要曲線は，食生活の成熟にともなって逆に左へシフトし始めた．米の

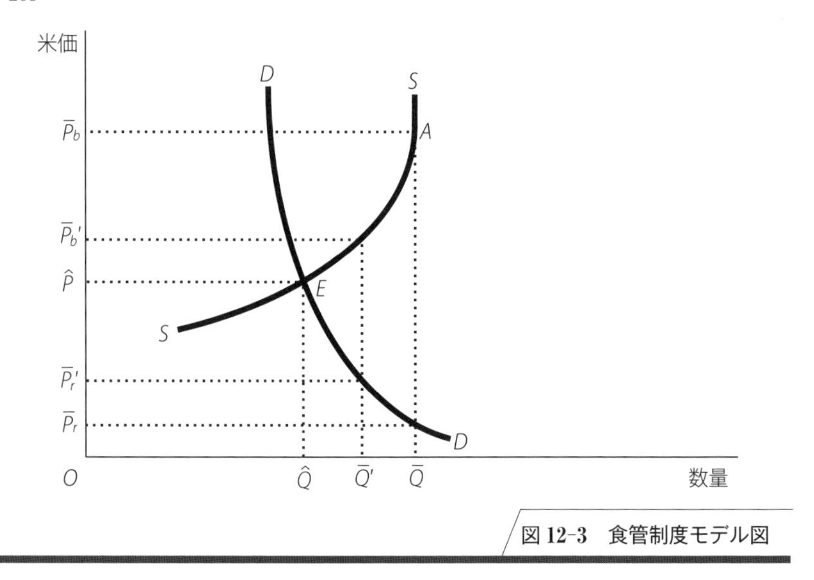

図 12-3　食管制度モデル図

年間 1 人当たり消費量は，62 年をピークに減少に転じている．

こうした変化の結果，1970 年以降の米市場では，**図 12-3** のように，点 A よりもずっと左下の点 E で需要曲線 DD と供給曲線 SS が交わる状態となった．需給均衡価格は $\hat{P}$ であり，均衡需要量(＝供給量)は $\hat{Q}$ で示されている．

それにもかかわらず，政府買入米価は生産費所得補償方式に従って $\overline{P}_b$ に近い水準に維持された．この場合，生産量 $\overline{Q}$ をすべて売り切るには，政府売渡米価は $\overline{P}_r$ でなければならないはずだが，実際には財政負担が大きくなりすぎるためそこまでは安くできない．その当然の結果は，米の供給過剰である．

価格支持政策のもとで発生する供給過剰の処理方法については，第 6 章ですでに説明したとおりである．日本の米の場合には，生産割当が主たる手段として採用された．また政府買入米価も，1980 年代半ば以降少しずつ引き下げられた．図では $\overline{P}_b'$ が政府買入米価の引き下げを示している．この場合にも，政府売渡米価が $\overline{P}_r'$ よりも上にある限り，生産割当が必要である．

行政による米の生産割当制度は，**減反**または**生産調整**と呼ばれ，1970 年から 2006 年まで続けられた．その方法としては，生産量を割当てる「ポジティブ方式」ではなく，水田面積の一定割合について稲の作付けを制限する「ネガ

表 12-9　農業産出額の構成比の変化

（単位：%）

	1960 年	2000 年	2017 年
耕種計	80.5	72.3	64.3
米	47.4	25.4	18.7
野　菜	9.1	23.2	26.4
果　実	6.0	8.9	9.1
その他	18.0	14.8	10.1
畜産計	18.2	26.9	35.1
生　乳	2.5	7.5	8.0
肉用牛	2.0	5.0	7.9
その他	13.7	14.4	19.2
その他	1.3	0.8	0.6
合　計	100.0	100.0	100.0

出所）農林水産省「生産農業所得統計」.

ティブ方式」が採用された．これが減反であるが，その内容からみれば，減反水田に何も作らない**休耕**と，麦・大豆・野菜などを作る**転作**とがある．

食管法は 1995 年の秋に廃止され，「主要食糧の需給及び価格の安定に関する法律」(**食糧法**)が施行された．食糧法は旧食管法の流通統制を廃止したが，長年にわたり政府管理のもとにあった米経済の構造転換は容易には進まず，生産割当も実質上維持された．ただし流通の自由化によって，米の卸売・小売業界には大きな変化が生じ，米の販売は自由化された．米経済自由化への第一歩がふみ出されたといえよう．

最後に残ったのは生産割当であるが，これも 2004 年から方式が生産量の割当である「ポジティブ方式」に変更され，さらに 2018 年にはこの生産量の割当も廃止されて，国は米の需給情報の提供や主食用米以外への転作支援等を行うのみとなった．これは後に第 6 節で述べる 21 世紀新農政の一環として実施されたものである．

以上，固定的な米価と米の過剰について詳しく述べたが，日本の農業生産はすべてが固定的で需要の変化に全く対応しなかった訳ではない．分配よりも成長を優先するという旧基本法の立場からすれば当然だが，経済成長と共に食料需要の構造も変化するとの想定から，需要に応じて生産を変化させる**選択的拡**

大政策が農政の重点課題の1つとされた．**表12-9**は，この課題が野菜や畜産物の生産増加という点で，かなりの成果を上げたことを示している．

第4節　食料の内外価格差と食料自給率の低下

前節では，政策的に米価が需給均衡価格より高く維持され，米の過剰問題と，それを抑制するための減反を招いたことを，国内市場の範囲内で説明した．

しかし現在，日本の農業が直面している問題は，国内市場の範囲にとどまらなくなっている．貿易の自由化が農産物にまで及んで，輸入農産物との競争を考慮に入れざるを得なくなってきたのである．ガットのウルグアイ・ラウンドが，すべての国境障壁を関税化し，かつ関税水準を次第に引き下げるという決着にいたったことは，すでに第7章で述べた．

日本の米は2000年まで関税化を猶予されたが，その代償として**ミニマム・アクセス**を積み増しされた．ミニマム・アクセスとは最低輸入割当量のことであり，それは関税化品目では国内需要量の3%からスタートして2000年までに5%まで増やさなければならないのだが，日本の米の場合は関税化猶予の代償として，1995年に国内需要量の4%とし2000年には8%に増やすこととされた．しかしながら実際には，1年くり上げて1999年度に米も関税化された．

日本の農産物の場合，国際市場との関連で最大の問題は，**内外価格差**があまりにも大きくなり過ぎたことである．ここでも米を例にとって説明するが，労働生産性の上昇をはるかに上まわる賃金上昇と，政策的な価格支持との2つの要因によって高水準に維持された国内米価に，為替レートの上昇(円高)という第3の要因が加わって，内外価格差は非常に大きくなってしまった．

図12-4は，日本の生産者米価を，主な米の輸出国であるタイおよびアメリカの米価と比較したものであるが，1985年以降の円高にともなって内外価格差は10倍を超える異常な大きさになった時期もある．これもまた，日本の農業が直面している特異な課題の1つである．

もちろん，農産物の国際競争力に関するところで説明したとおり，農地の賦存が乏しい日本では，国内農産物価格が割高になるのはやむを得ない．そして，一物一価という市場経済の原則を貫いて，割高となった国内農産物の生産を縮

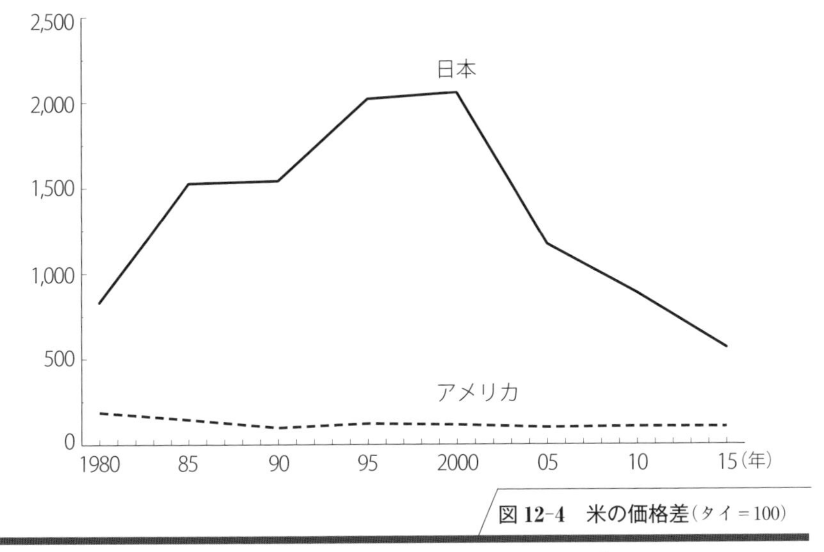

図 12-4　米の価格差（タイ＝100）

出所）生産者価格：FAOSTAT．実効為替レート：World Bank.

小し輸入品によって代替するか，それとも経済的な非効率を上まわる非経済的な便益を認めて国内生産を保護するかは，主として価値判断の問題である．

ただ 10 倍を超える内外価格差が長く続くことになると，単に経済的損失が大きいというだけではなく，国境障壁を乗り越えて利益をあげようとする経済的圧力が強くなって，それを抑えるためのコストがかさむことにもなりかねない．大きな内外価格差は，私経済の観点から見れば，大きな利益を上げるビジネス・チャンスに他ならないからである．

もっとも，日本が現在直面している内外価格差は，単に農産物だけの問題ではなく，また日本だけの問題でもない．内外価格差に関しては，一般的に 1 人当たり GDP の高い国の物価水準が高くなる傾向がみられるのである．

表 12-10 は，1955 年以降の日本とアメリカの小売物価水準を比較したものである．表の計算結果では，全般として食料品価格の格差の方がいくらか大きいけれども，非常に大きな相違とはいえない．小売段階での内外価格差に関する限り，食料品と一般消費財との間に大きな差は認められないのである．

また内外価格差が 1 人当たり GDP の格差と対応するものであることも，**表**

表 12-10　食料品小売価格の日米比較

年次	食料品価格 (アメリカ＝100)	消費財総合価格 (アメリカ＝100)	1人当たり GDP (アメリカ＝100)	為替レート (円／ドル)
1955	40	40	10	360
1960	40	40	16	360
1970	58	52	38	360
1975	82	77	61	299
1980	101	95	74	227
1985	94	82	63	239
1990	124	113	105	145
1995	175	158	148	94
2000	149	122	102	108
2005	128	106	81	110
2010	115	94	89	88

注）価格については経済企画庁「物価レポート'94」(1994年)の東京とニューヨークの間の価格差をもとに，日米それぞれの消費者物価指数(FAOSTAT)を用いて推計した．1人当たり GDP および為替レートは World Bank による．

12-10 によく示されている．アメリカの1人当たり GDP が日本よりも高かった80年代中頃までは，物価水準もまたアメリカの方が高かった．これが逆転して日本の物価水準の方が高くなったのは，1987年に GDP 水準が逆転して以後のことなのである．また米価に関しても，近年 GDP 水準が高くなった韓国は，日本と非常によく似た形で内外価格差の問題に直面している．

物価の内外格差が GDP の格差と対応する1つの理由は，いうまでもなく物価も GDP も為替レートで換算して比較されるからである．内外価格差は多くの要因が複雑にからむ現象であり，ここではこれ以上の説明は省略する．

次に，**食料自給率**の問題について説明しよう．**表 12-11** 及び**図 12-5** に示す**供給熱量自給率**とは，食料供給量を食事エネルギー(キロカロリー)単位換算した上で国産の割合を求めたものであり，畜産物の場合は国産の肉や牛乳であっても飼料自給率を考慮して割り引いてある．日本の供給熱量自給率は，1960年代初頭の78% から大きく低下し，近年は40% を切っている．欧米主要国の熱量自給率が上昇してきたのとは逆であり，これもやはり日本が直面している特異な問題の1つである．日本の供給熱量自給率が39% というのは，食事エネルギーの60% 以上を輸入に依存しているという意味である．近年の1人1

表 12-11　供給熱量自給率の国際比較　（単位：%）

	1961 年	1990 年	2000 年	2013 年
日　本	78	48	40	39
アメリカ	119	129	119	130
フランス	99	142	133	127
ドイツ	67	93	96	95
イギリス	42	75	74	63
スイス	51	62	61	50

出所）農林水産省「食料需給表」.

日当たり食事エネルギー供給量は 2500 キロカロリー前後，その 40% は 1000 キロカロリーであるから，自給分だけでは生存水準にも達していないのである．

しかしながら，食事エネルギー自給率の低さは必ずしも**食料安全保障**(food security)の不安と直結しているわけではない．なぜならば，それは現在の日本人の食生活を前提とした数値であり，そして現在の日本人は，世界のあらゆるところから食料を買って豊かな食生活を楽しんでいるからである．食料の安全保障は，飽食の保障ではなく生存の保障と考えるべき問題である．

日本の食料自給率が低くなっていることには，3 つの明確な要因がある．その 1 つは，国民 1 人当たり農地面積の減少である．**表 12-3** では，1960 年から 2015 年までに農地面積が 26% 減少したことを示したが，人口はこの期間に 9400 万人から 1 億 2700 万人へと 35% 増加し，その結果 1 人当たり農地面積はほとんど半分になったのである．これまで繰り返し述べたように，農地面積は農業生産の絶対的制約要因であって，食料自給率が低下した根本的な要因の 1 つがここにあるのは明らかであろう．

第 2 の要因は，食料消費が成熟段階に達して以後，穀物消費が多様化して，**米の消費が減少**し小麦の消費が増加したことである．日本人の 1 人 1 年当たり米消費量は，1962 年の 118 キログラムを戦後のピークとして減少に転じ，2015 年には 55 キログラムになったが，その間に小麦の消費量は 26 キログラムから 33 キログラムまで増加している．

小麦はアジアモンスーン地帯の自然条件では非常に栽培しにくく，日本の稲作を麦作に転換するのはきわめて困難である．小麦の消費量増加の結果，2015

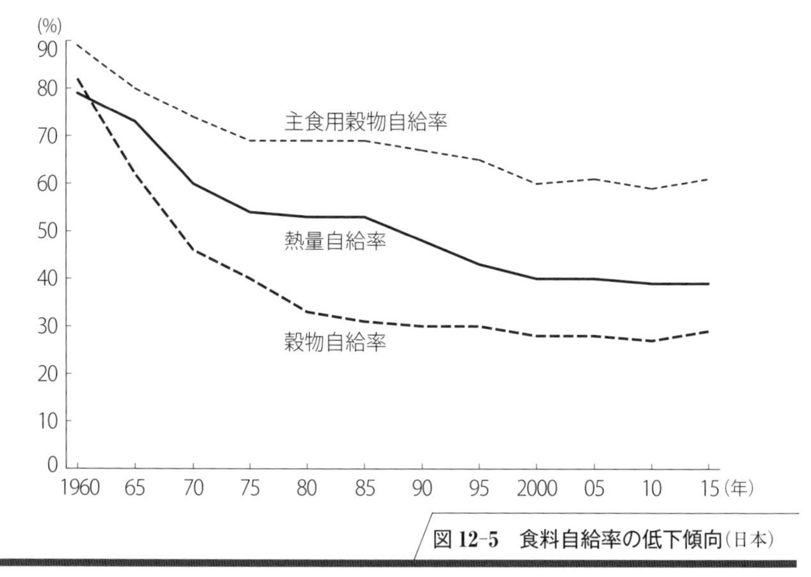

図 12-5　食料自給率の低下傾向(日本)

出所）農林水産省「食料需給表」.

年現在の小麦の自給率は非食用を含めるとわずか 15% 程度で，輸入量は 600 万トン近くに達している．だが一方に米の生産過剰があって，潜在作付け可能面積の 4 割もの減反が毎年行われていることを考えれば，食料自給率低下のかなりの部分が，生産面ではなく多様化した食料消費の結果であることが理解される．このような穀物消費の変化は，欧米諸国ではほとんどみられない．アメリカでもヨーロッパでも，主要な食用穀物は昔も今も小麦である．

第 3 の要因は，畜産物消費の増加にともなう飼料穀物輸入の増加である．同じく 1960 年から 2015 年の間に，1 人当たり年間の直接穀物消費量は 141 キログラムから 90 キログラムまで減少し，一方肉類からの食事エネルギー摂取量は 6 倍以上に増加した．畜産物の消費もまた，食生活の成熟の結果であり，生産面ではなく消費面の自給率低下要因である．日本と違って欧米諸国では，1960 年から現在までの畜産物消費量にはそれほど大きな変化がなかった．

このように，日本の異常に低い食料自給率は，そもそも国民 1 人当たり農地面積が小さいことに由来するものであり，またその急激な低下は，人口増加と農地面積の減少だけではなく，所得上昇にともなう食生活の変化の影響を強く受けている．食料自給率の問題は，しばしば食料の安全保障と結びつけて論じられるが，それには以上のことを前提とした理解が必要なのである．

近年，韓国と台湾でも同様のことが起こっている．国民1人当たり農地面積が小さく水田中心の国が，小麦と畜産物を多く消費するようになって米の消費が減少した場合，食料自給率が低下するのはむしろ当然のことなのである．また中国では現在，主食用の米と小麦は国策による増産でほぼ完全自給を維持しようとしているが，飼料原料となる大豆の輸入は急増している．今後，中国のような人口大国が主要穀物の輸入依存を高めた場合，世界の食料市場全体をゆるがす重大な問題となる可能性がある．

しかし，以上のような根本的要因が背景にあることを大前提としたうえで，最終的に食料自給率の水準を決めるのは，政策のあり方ないし農業支援の大きさであることを忘れてはならない．このことは，仮に禁止的な高関税によって農産物輸入が全く生じない場合，食料自給率は少なくとも100％になるということを考えてみれば，容易に理解されるはずである．また，欧米の先進国をはじめとして，日本よりもはるかに農業生産条件の有利な農産物輸出国でさえ，国内農業に多額の支援を投入しているのも事実である．

だが日本はむしろ，世界に先がけてWTOルールにもとづく関税などの国境措置の削減を推進してきた．加えて，為替の円高傾向が輸入価格を大きく低下させたため，輸入食料が容易に国境を越えるようになったのである．それは世界に先がけて農業保護政策を削減したこととあいまって，必然的に国内生産の著しい縮小につながり，食料自給率の低下をもたらした．こうした政策の方向性を日本は今後も続けるのかどうか，あるいはいかに転換をはかるのか．それが将来の日本の食料自給率水準を大きく左右する最終的な要因なのである．

最後に，いわゆる**日本型食生活**について説明しよう．所得水準の上昇にともなって食料消費が成熟すると，食品の高級化の基本的な形として，穀物の直接消費から畜産物へのシフトが起こる．実際日本においても，1960年代以降この傾向が明瞭に表れている．

しかしながら，先に**表8-7**で示したとおり，1人当たりGDPの高い欧米の国々と比較して，日本人の動物性食品の消費量は非常に少ない．これはやはり日本が直面している特異性の1つではあるが，これまで述べてきた問題とは性

表 12-12　PFC 熱量比

（単位：%）

	日本			アメリカ		イギリス	
	1960 年	2000 年	2013 年	2000 年	2013 年	2000 年	2013 年
P（タンパク質）	12.2	13.1	12.9	12.5	12.3	12.3	12.3
F（脂　　質）	11.4	28.9	30.1	37.6	41.4	41.2	38.2
C（炭 水 化 物）	76.4	58.0	57.0	49.8	46.4	46.5	49.5

出所）農林水産省「食料需給表」．摂取量ではなく供給熱量ベースである．
注）P：F：C の適正比率は，日本 13：27：60，米国 12：30：58 とされている．

質が異なっている．というのは，現在の特異な日本型食生活は，栄養学の観点から見て最善の**PFC バランス**を実現していると考えられているからである．

PFC バランスとは，食事エネルギーの供給源におけるタンパク質（protein），脂質（fat），炭水化物（carbon-hydrate）の構成比のことである．**表 12-12** に示されているように，所得の高い国の中では特異な日本型食生活だけが，栄養学的に望ましい PFC バランスを実現しているのである．

したがって，この最後の特異性の問題は，いかにして特異性を解消するかではなく，いかにすれば現在のままの特異性を維持できるかという問題である．

この問題の解決もまた簡単ではない．日本の 2000 年から 2013 年の変化を見ると，脂質の比率が若干ながら上昇していく傾向が読みとれる．欧米では肥満が早くから問題となっていたが，日本でも肥満と共に**メタボリック・シンドローム**（内臓脂肪症候群）が注目を浴びるようになった．

現在の日本型食生活は，日本の伝統的な食料消費構造が，食生活の成熟段階に入ってのち次第に変化していく過程の一断面なのであり，それが現在のまま自然に停止し安定するとは考え難い．また消費者が何をどれだけ買うべきかは消費者主権ともからんで，難しい問題である．しかし，乱れた食生活は心身の不健康の原因となることから，その是正は重要な政策的課題とされ，2005 年には**食育基本法**，2006 年には**食育基本計画**が定められた．

第 5 節　食料・農業・農村基本法の成立

1999 年 7 月に農業基本法が廃止され，新しく**食料・農業・農村基本法**（新基本法)が成立した．日本の農業政策としては，1995 年の食管法廃止以来の大きな変化である．

新基本法は，1961 年に作られた旧基本法とは異なる農業政策の理念を示している．その差は，一言でいえば**農家保護**から**農業保護**への転換である．農業生産者のための基本法から，国民全体のための基本法への転換といってもよい．

旧基本法の目的は，「農業従事者の地位の向上」と第 1 条にあるとおり，**農村の貧困**解消，つまり農家と非農家の間にあった所得と生活水準の格差是正であり，農業の構造改善と生産性向上とは，その目的達成の手段であった．

農家と非農家との所得格差の問題は，**図 12-2** に示したとおり，日本経済の高度成長の過程で消滅した．ただし格差の消滅が，必ずしも旧基本法の想定した道筋を通ったものでなかったことは，第 2 節で説明した．しかしともかく日本には，都市に比較しての農村の貧困問題は，所得の面で見ればなくなったのである．

新基本法は，このような状況を背景として，農業政策ないし農業保護の目的を国民全体にとっての便益に求めようとしたものである．国民全体にとっての便益とは，国民に対する**食料の安定供給**の確保と，国民全体にとっての**農業・農村の多面的機能**の維持である．

このうち食料の安全保障と国内農業保護との関係については，第 7 章第 1 節で述べたし，また農業・農村の多面的機能についても第 7 章第 5 節で簡単にふれた．ここではむしろ，新しい基本法が直面している日本農業の実態について，少しつけ加えておくことにする．農業保護の理念は異なっても，農業政策の対象は農業と農村の現実であることに変わりはないからである．

新しい基本法は，国際比較的な日本の特殊事情を考慮すると，日本農業が国際競争力を回復することは非常に困難であるという想定に立っている．そして現実に，1990 年代以降の統計の示すところはより厳しく，日本農業はすでにその内部から急激な縮小の様相を示している．

第 1 に，すでに**表 12-3** に示したとおり，農業産出額は 1980 年代前半をピークに減少へと転じた．生産量では**表 12-13** のとおり，米の大幅な減少はもちろん減反政策によるが，旧基本法で選択的拡大品目とされた野菜や果実の生産量でさえ減少し，ピークの 80 年代から 2003 年までの間に 20% から 30% も縮小

表 12-13　類別農業生産量の推移

(1970年=100)

	1970年	1980年	1985年	1990年	1995年	2000年	2003年
農業計	100	104	115	110	105	99	92
耕種計	100	93	103	97	92	86	78
米	100	78	94	85	87	76	63
野菜	100	110	111	110	101	97	91
果実	100	121	117	109	97	91	86
畜産計	100	141	157	162	156	151	147

出所）農林水産省「農林水産業生産指数」2000年基準指数を1970年基準に換算.
注）農林水産業生産指数とは，各種農産物の生産数量を基準時の生産額をウェイトとして加重平均した数量指数. 2004年よりデータ作成が廃止された.

表 12-14　耕地利用率の低下

年次	耕地利用率(%)	耕作放棄地(万 ha)
1960	134	n. a.
1970	109	n. a.
1980	105	12
1990	102	22
2000	95	34
2010	92	40
2015	92	42

出所）農林水産省「作物統計」.

している．畜産の生産量は1990年代前半まで大きく増加した後減少に転じ，1990年から2003年までの間に9%ほど縮小した．先に第2章で，経済成長にともなう農業部門の相対的縮小について述べたが，日本の農業生産は1980年代半ば以降，**絶対的縮小**傾向を続けているのである．

第2に，耕地面積については，その減少だけではなく，近年は利用率の低下も問題である．**耕地利用率**というのは，1年間の作付面積の耕地面積に対する比率である．例えば水田に冬は麦を作り夏に稲を作付けたとすれば，その水田の利用率は200%となる．

表 12-14 がその実情を示しているとおり，1960年には134%であった耕地利用率が，高度経済成長期を経て大きく低下し，2000年以降は100%を切ってさらに低下を続けている．耕地利用率が100%以下というのは，1年間何も

表 12-15　農家戸数の減少

（単位：万戸）

	1990年	1995年	2000年	2005年	2010年	2015年	25年間の変化（%）
販売農家	297	265	234	196	163	133	−55
主業農家	82	68	50	43	36	29	−64
準主業農家	95	69	60	44	39	26	−73
副業的農家	120	128	124	109	88	78	−35
自給的農家	86	79	78	89	90	83	−4
農家計	383	344	312	285	253	216	−44

出所）農林水産省「農林業センサス」.
注）農家分類の定義は農林水産省ホームページや「農林業センサス」にあたって確認せよ.

作付けされなかった耕地があることを意味するが，その甚だしいものが**耕作放棄地**である.

耕作放棄地というのは，農業統計上「過去1年以上作付けせず，数年の間に再び作付けする意思のない土地」と定義されているから，いずれは耕地ではなくなる予備軍である．2015年にはその面積が約42万ヘクタール，総耕地面積に対する割合で9%ほどになる.

第3に，農家戸数は急速に減少している．ここで**農家**の類型について見ておくと，まず，現在の日本の農業統計では，農業経営の主体は**農業経営体**と呼ばれ，農林業センサスの定義では「耕地面積30アール以上の農業または農作業受託を行う者」となっている．一方**農家**の定義は「耕地面積10アール以上の農業を営む世帯または農産物販売額が年間15万円以上の世帯」であり，このうち「耕地面積30アール未満かつ農産物販売額50万円未満」の農家は農業経営体には含まれない**自給的農家**，農業経営体に含まれる農家は**販売農家**として区分されている．そして10アールに達しない農地の所有者で，農産物販売額も15万円に満たなければ，センサス上農家にも含まれず，**土地持ち非農家**と呼ばれる.

表12-15に示すように，農家の戸数は1990年から2015年までの25年間に全体で167万戸，44%減少した．減少率は農業経営の主力をなす農家ほど高く，販売農家で55%，そのうち主業農家は64%，準主業農家は73%も減少しているが，自給的農家の減少は4%にとどまっている.

表 12-16　農家類型別の構成(2015 年)

	農家数 (万戸，%)	耕地面積 (万 ha，%)	耕作放棄地 (万 ha，%)	耕作放棄地率 (%)
販売農家	133(37)	291(78)	13(30)	4
自給的農家	83(23)	15(　4)	9(21)	62
土地持ち非農家	141(40)	66(18)	21(48)	31
計	357(100)	372(100)	42(100)	11

出所）農林水産省「農林業センサス」.
注)「農林業センサス」は「作物統計」とは調査対象が異なり耕地面積は互いに不突合がある.

表 12-17　農業労働力の変化

(単位：千人)

	1990 年	2000 年	2010 年	2015 年	25 年間の 変化(%)
農業就業人口計	4,819	3,891	2,606	2,097	－56
基幹的農業従事者	2,927	2,400	2,051	1,754	－40
うち 65 歳未満	2,144	1,172	798	622	－71

出所）農林水産省「農林業センサス」(販売農家).

こうして，数では自給的農家と土地持ち非農家の比重が次第に高まっている．それらの農地利用は自家消費のための生産が主であるが，そうした生産も高齢化と共に困難となって耕作放棄が増えている．**表 12-16** に示されるとおり，2015 年の耕作放棄地約 42 万ヘクタールのうち，土地持ち非農家分が 21 万ヘクタール，自給的農家分が 9 万ヘクタールで，あわせて全体のほぼ 70% に達する．

第 4 に，農業の担い手である農業労働力も衰退傾向が著しい．**表 12-17** のように農業就業人口が 1990 年から 2015 年までに 56% 減少した中で，65 歳未満の**基幹的農業従事者**(仕事を主としかつ主に農業に従事している者)はとりわけ激しく 71% も減少している．

他方で新規就農者は，1965 年には 18 万人近くあったが，日本経済の高度成長の過程で激減し，1990 年にはわずか 1 万 6000 人に落ち込んで底を打った．以後は**表 12-18** が示すとおり増加へと転じ，若者の就農も少しずつ増えつつある．それでもなお農業全体では高齢化の方向へと急速に進んでおり，この傾向はまだしばらく続くとみなければならない．

表 12-18　新規就農者の動向

（単位：千人）

	1990 年	2000 年	2010 年	2018 年
新規就農者計 (49 歳以下の割合)	16 (25)	77 (16)	55 (33)	56 (35)
農家世帯員の自営農業就農 (49 歳以下の割合)	—	—	45 (24)	43 (23)
雇用就農 (49 歳以下の割合)	—	—	8 (76)	10 (72)
新規農業経営参入 (49 歳以下の割合)	—	—	2 (54)	3 (73)

出所）農林水産省調べ.
　注）括弧内は 2000 年までは 39 歳以下の割合.

以上に述べた日本農業の衰退傾向は，すでに 1980 年代に始まっており，90 年代に加速したものである．その原因についてくわしく述べる余裕はないが，2 つの要因を指摘しておきたい．

第 1 は，農業構造改善の停滞，つまり零細分散錯圃の再編成の遅れである．それがいかに困難な課題であるかは先に説明したが，この課題の克服なしには，日本農業の衰退を避けることはできない．

第 2 は，米の過剰と生産調整である．1970 年代に始まった稲作の生産調整は，UR 合意にもとづく米輸入という国際的要因や，米消費の減少という需要要因を背景として，長年にわたり継続され，農地潰廃の大きな原因となってきた．その長い歴史がもたらしたものは，米の生産構造だけでなく，農家の跡継ぎ問題や経営意欲にも根深く及んでおり，一朝一夕に回復するものではない．

最後に，新基本法に加えられた**食料**と**農村**にかかわる 2 つの政策上の問題にふれておく．

第 1 は，最近の食品の安全性をめぐる事故とそれへの対処である．フード・システムの発展が，その反面にさまざまな課題をいだいていることは第 9 章でも述べた．フード・システムの発展による著しい情報の非対称性のもとでは，食品産業と消費者の間の信頼を保つのは，主として企業側の責任であるが，現実には O-157(1997 年)，ダイオキシン(1998 年)，BSE(2001 年)など農業生産でも重大な問題が顕在化し，また牛肉の**偽装表示**(2001 年)など食品産業にも違法行為が頻発した．この問題を受けて2003年に**食品安全基本法**が制定され，内閣府に**食品安全委員会**が設置されたが，その後も問題は続出している．

第2は，**集落機能**の低下である．日本の農業生産基盤では，農地とともに用排水路と農道とが重要な要素となっており，それらの多くは伝統的に集落を単位とする農家の自主的共同作業によって維持されてきた．また1949年に成立した**土地改良法**にもとづいて，農民組合の一種である**土地改良区**がそれを担っている地域もある．この土地改良区も，集落を基礎とする農家の組織である．

しかし**過疎化**の進行や農村人口の**高齢化**によって，このような集落機能はしだいに低下せざるを得なくなった．また農村に都市への通勤者が居住する**混住化**（非農家率の高い農村の増加）の進行も，住民が一体となった共同作業が困難となる上に，非農家による農道や農業用排水路の汚染の問題も生じて，集落機能低下の大きな要因となっている．

2015年「国勢調査」によれば，総人口に占める65歳以上の人口割合（高齢化率）は，全国平均26.6%に対し，郡部では31.0%となっている．農村地域の高齢化の進行は，最後には集落の無人化・消滅に至る．あるいは都市に近ければ混住化が進み，居住者に占める農家の割合が圧倒的に小さくなると，もはや統計上の「農業集落」ではなくなる．

このように，著しい過疎化によって消滅した農業集落，もしくは市街化によって農業上の機能を失った農業集落の数は，**表12-19**に示すとおり，1970年から2015年までの45年間で4400にのぼる．ただし農林業センサス上にのぼる農業集落数は，その調査スキームや用語の定義の変更によっても変動するし，市町村合併などでも変動することに注意が必要だが，全国的に農業集落の縮小とその機能低下が年々進行していることは間違いのない事実である．

第6節　21世紀の日本農業と農業政策

前節までに示した日本農業の特質と課題とは，21世紀に入った現在もおおむねそのままにとどまっている．農場規模は零細で圃場は分散しており，食料自給率は低く，農地潰廃は進行し，農業就業者は高齢化し，農業生産指数も下がり続けている．

表 12-19　農業集落数

	1970 年	1980 年	1990 年	2000 年	2010 年	2015 年
農業集落数(千)	142.7	142.4	140.1	135.2	139.2	138.3
対前年変化率(%)		−0.2	−1.6	−3.5	3.0	−0.7

出所）農林水産省「農林業センサス」.

このような日本の農業・食料問題への対応として，1990 年代から実施されてきたさまざまな農政改革の試みについては前節で説明した．その改革の理念を明らかにしたのが 1999 年の新基本法であり，その中心は，食料の安全保障および農業・農村の多面的機能の維持という国民全体にとっての便益に農政の目的をおくことであると述べたが，新基本法以来の法律・制度の見直しは，その理念を具体化しようとしたものと評価される．

ただし，この改革は国内事情だけによってもたらされたものではない．21 世紀の日本の農政は WTO 農業協定(ガット UR 合意)の制約のもとにあり，さらには現在進行中の WTO ドーハ・ラウンドや数々の FTA 締結交渉の行方も考慮にいれなければならないのである．

新基本法に基づく施策は，政府が 5 年ごとに定める**食料・農業・農村基本計画**の中で具体化されている．2005 年の基本計画では，WTO の下での国際規律強化への対応として，従来の品目別対策から**品目横断的経営安定対策**への転換や，過疎化や高齢化による集落機能の低下に対応した農地・農業用水等の資源保全管理施策の構築など，21 世紀新農政とも呼ばれる新たな政策展開が示された．

その後，2009 年の政権交代によって民主党中心の政権が樹立されると，経営面積が一定規模以上の経営体を支援の対象としていた品目横断的経営安定対策に代わり，全ての販売農家を支援対象とする**戸別所得補償制度**が導入された．

この政策転換は，新農政に改善を求める現場の農家からの声に対応したものであった．その 1 つは，「意欲ある経営体であるかどうかを経営面積の大きさだけで決めるのは無理がある」との声である．もう 1 つは，「価格変動をならして緩和する」つまり過去 3 か年の平均価格を補償するだけでは，市場で米価が趨勢的に下落している昨今では農家所得の減少に歯止めがかからず，経営展望が開けないとの声である．これらの問題への対処は民主党政権の誕生以前から検討されていたが，民主党政権の樹立を機に，戸別所得補償制度によって「全ての販売農家に全国平均の生産コストと全国平均の販売価格との差額(赤字)を補償する」形での支援が実現したのである．この政策に対しては，「バラマキ」との批判もあったが，全国平均値よりも優良な経営のメリットが大きくなるので，対象農家を限定することと実質的に同等の効果を持つことに留意する必要がある．

しかし，2012年に再び自由民主党(自民党)中心の政権になると，戸別所得補償制度は撤回され，主食用米農家への支援は価格変動をならして緩和する政策のみに戻された．

そして2013年より，新基本法に基づく農政改革は新たな局面に移行した．その内容は「需要フロンティアの拡大」，「需要と供給をつなぐバリューチェーンの構築」，「多面的機能の維持・発揮」および「生産現場の強化」の4つの柱から構成されるが，ここではそのうち生産現場の強化と多面的機能の維持・発揮の2点について簡単に説明しよう．

まず「生産現場の強化」であるが，その目標は，農業生産資源とりわけ農地を**担い手**に集積することである．農業の担い手という用語は，おそらくマックス・ウェーバーの**トレーガー**(Träger: 理念の体現者)に由来するが，日本の農業政策用語としては，農業経営の望ましい形態であり，かつ農業政策の主たる対象となる経営体ないし経営者を意味している．

1961年の旧基本法では，それは自立経営であった．新基本法では，それは「効率的かつ安定的な農業経営」と表現され，基本計画においてはこのような経営を実現している者とそれを目指して経営を発展させようとしている者とをあわせて，担い手と位置づけている．

そして2013年からの農政改革では，それを**認定農業者**，**認定新規就農者**，**集落営農**であるとし，これら担い手を対象として経営所得安定対策によるセーフティネットを措置するとともに，担い手の農地利用割合を全農地の8割に高めることを目標に，農地の集積を推進している．

1990年代以降の認定農業者の動向は，**表12-20**に示すとおりである．認定農業者数はかなり増加しているけれども，2018年時点では担い手への農地集

表 12-20　担い手の動向

年次	認定農業者数（人）	集落営農数（集落）	経営耕地面積（万 ha，%）
1995	19,193	—	86(17)
2000	145,052	9,961	134(28)
2005	191,642	10,063	181(39)
2010	246,475	13,577	221(48)
2015	246,085	14,853	235(52)
2018	239,043	15,111	249(56)

出所）農林水産省『食料・農業・農村白書』ほか.
注）経営耕地面積の割合(%)は全農地面積(表 12-3)に占める割合.

積率は全農地面積の約 56% であり，まだ目標の 8 割にはほど遠い．その上，担い手の経営農地の多くは依然として零細な圃場に分散したままである．今後とも零細な農家や高齢農家の農業生産活動が消滅へと進まざるを得ないとすれば，規模拡大を求める担い手への農地集積をもっと円滑にする政策を思い切って強化しなければ，日本は乏しい農地をさらに失い続けることも確実である．2019 年には，農業経営のセーフティネット対策の一環として，品目ごとではなく経営全体の収入について，自然災害による収量減少とその他の要因による価格低下なども含めた収入減少を補てんする収入保険制度も導入された．

次に「多面的機能の維持・発揮」であるが，これは農地と水を中心とする農業資源の保全，中山間地域等における生産維持，農業地域の環境保全への交付金の支出を通じて，農業・農村の多面的機能を高め，国民に安全な食料と美しい生活環境とを提供することを目標とする政策である．これは 2014 年からは日本型直接支払制度として実施されている．

前節でも説明したとおり，農業・農村の価値を農業生産だけではなくその多面的機能に求めることが，新基本法の中心的理念の 1 つである．またそれ自体が WTO 農業交渉における日本の重要な立脚点であることも，すでに第 7 章で説明した．しかし，農村部の高齢化や過疎化とともにその多面的機能はすでに危機的な水準にまで失われているのが現状である．これに歯止めをかけるために，直接支払制度は EU などでも採用されている現実的な政策体系である．

2013 年からの新しい農政改革がどのような効果を生産現場にもたらしたの

かは，今後しっかりと検証する必要がある．零細分散錯圃を1つのまとまった農場に再編成することが果たしてできているのか，集落機能が低下する中で農道や用排水路をどのように維持していくのかといった大きな課題が残っている．また TPP や EU との EPA，さらには米国との貿易協定など国際貿易交渉が大きく進展する中で，日本農業をめぐる国内外の状況は予断を許さない．さらなる改革への努力が続けられている近年の農政の動向については，簡略であるがここで説明を終えることとする．

課　題

日本農業論は1冊の書物を必要とするテーマであり，数多くの文献がある．本章ではごく簡単にアウトラインを示したに過ぎないので，それぞれの問題について以下の参考文献に当たって深く学んでもらいたい．

- 農林水産省『食料・農業・農村白書』(各年).
- 生源寺眞一『現代日本の農政改革』(前掲138頁).
- 同上『農業再建——真価問われる日本の農政』(岩波書店，2008年).
- 同上『農業と人間——食と農の未来を考える』(岩波書店，2013年).
- 安藤光義編著『日本農業の構造変動——2010年農業センサス分析』(農林統計協会，2013年).
- 農林水産省編『2015年農林業センサス——総合分析報告書』(農林統計協会，2018年).
- 荒幡克己『減反40年と日本の水田農業』(農林統計出版，2014年).
- 鈴木宣弘・木下順子『食料を読む』(前掲138頁).
- 小田切徳美・橋口卓也編著『内発的農村発展論——理論と実践』(農林統計出版，2018年).

また下記は，日本農業経済学会の総力を結集して編纂され，農業経済学と食料・農業・農村問題のあらゆる項目を見開き2頁で解説した便利な事典である．

- 日本農業経済学会編『農業経済学事典』(丸善出版，2019年).

終　章

農業政策と農業経済学

——No, Mas'r, ye can't buy my soul.

Uncle Tom's Cabin

社会厚生と政策的選択

社会のあり方がその社会を構成する人々にとって望ましいかどうかの評価を**社会厚生**(social welfare)という．これは主として経済学で用いられる用語であるが，社会厚生の水準を決めるのはもちろん経済的要因だけではない．

社会厚生についてはさまざまな考え方があるが，社会厚生を高める最善の仕組みは市場経済をその一部として含む民主主義であるというのが，これまでもたびたび述べたように，20世紀に至る人類史が多くの犠牲をはらって到達した経験的結論である．そして民主主義の社会厚生に関する基本的理念は，社会厚生の基礎をなすのはその社会のメンバーである個々の人間の**幸福**(happiness)ないし**効用**(utility)であるという思想である．

ところで，人間の幸福には２つの側面がある．１つはその人間の**生活実態**であり，もう１つはその人間の**選好**(preference)にもとづく**価値判断**である．

さて，人間の生活実態は非常に多くの要因から成り立っている．衣食住をはじめ経済的要因が重要であることはいうまでもないが，非経済的な，つまり市場で売買されない要因も決して無視できないことは，誰もが認める事実であろう．人間の生活の全体は経済の範囲にとどまらず，それよりもはるかに広い．したがって幸福の決定要因は**多元的**である．

社会厚生は個人の幸福に依存する．幸福が多元的であれば，社会厚生もまた多元的である．社会生活の望ましさが，経済的な豊かさに基礎をおきながらも，経済の範囲を超えて人間の生活にかかわるすべての要因をふくむ多元的な問題であること，これも多くの人にとって自明の道理であろう．

先に第7章で農業貿易交渉に関連して説明した農業・農村の多面的機能という理念の根底をなしているのは，このような意味での社会厚生の多元性である．農業・農村と人間の生活とのかかわり，したがって人間の幸福とのかかわりは多元的であり，農業・農村の社会厚生への貢献は決して農産物の商品価値だけではないという思想である．

問題は，社会生活の実態をなしている多元的要因のどのようなあり方が，社会厚生上最も望ましいかを判断し選択することである．社会生活の実態と社会厚生との関係は個々人の選好にもとづく主観的判断であり，社会厚生上の最適点を知る客観的手段は存在しない．

1人1票の投票によって最適点を選択するという民主主義のルールは，いわば便宜的な手段の1つである．しかしそれがともかくも現在知られている最善の手段であるというのが，20世紀の歴史が残した結論なのである．

社会厚生の制約条件

社会生活実態の望ましいあり方について選択するといっても，それはさまざまな条件に制限されたなかでの選択である．まず第1に，それは**技術的な実現可能性**(physical feasibility)によって限定されている．たとえば，現在の日本人の食生活のあり方をそのままにして食料自給率を60％に上げることは，技術的に実現不可能であり，したがって選択の範囲に入らない．日本の耕地面積は年々減少しており拡大の余地はほとんどないが，農林水産省による2007年時点の推計によれば，日本が輸入している食料を生産するのに必要な耕地面積は，一部の主要な穀物，畜産物，油糧種子だけでも1245万ヘクタール，これは国内耕地面積の3倍に近い農地を海外に依存しているということになる．

第2に，日本の農業政策はWTO農業協定の制約下にあり，またいずれ決着するであろうドーハ・ラウンド農業交渉の合意事項にも従わなければならない．これは技術的制約に対して**社会的制約**である．

トレード・オフ

食品の安全性を高めるのは社会厚生上望ましいことである．食品の価格を引き下げるのもやはり望ましいことである．しかしこの2つを同時に達成することは難しい．安全性の高い食品を手に入れるためには，高い価格を支払わなければならないのが普通である．

社会厚生の多くの要因は，このように1つを望ましい方向に変化させれば他方が望ましくない方向に動くという関係にある．先に**図11-3**(183頁)で述べたように，これを**トレード・オフ**という．トレード・オフは社会の選択に対する制約条件の1つの形態であるが，多くの場合，政策的選択はトレード・オフの形の制約条件下での選択である．

政策的選択が多くトレード・オフの問題であるのは，つまり何もかもよくなるというような政策はほとんどないことを意味する．すべてがよくなるという政策提案には，厳しい疑惑の目を以って臨まなければならない．「楽あれば苦あり」といい，“Every cloud has a silver lining”ともいうのが，健全な常識である．

農業経済学の観点からとりわけ重要なのは，**経済的価値と非経済的価値との間のトレード・オフ**である．このトレード・オフは農業だけの問題ではない．しかし農業は他の産業部門よりも厳しくこのトレード・オフに制約されている．すでに本書の各章で述べたが，農業が絶対的必需品である食料を生産するほとんど唯一の産業であること，および全地表面積の33% という広大な土地を生産要素として使用し，都市的世界とは異なる農業的世界を形成していることが，その基本的原因である．市場メカニズムの活用によって農業経済の効率を高めることが，はたして社会厚生の他の要因にマイナスにならないかどうか，農業は市場経済の一部門であるが，農業政策について考察するに当たっては，この点に充分配慮しなければならない．

市場と政策

経済的な豊かさだけが社会厚生を高めるものではないが，経済が社会厚生の非常に重要な要因であることは明らかである．そして，自由な取引を基本とする市場メカニズムが経済効率を高める最善の制度であるということもまた，20世紀の歴史が残した貴重な教訓であった．

農業経済もまた，その効率を高めるためには市場メカニズムを最大限に活用しなければならない．しかしまた，市場メカニズムは万能の制度ではなく，適切な政策的コントロールなしには社会厚生にとってマイナスの作用を及ぼすということも，20 世紀の重要な歴史的経験である．

第二次世界大戦中に制定された食管法が 1995 年まで廃止されず，日本の米経済に統制的要素を多く残したことは，今に至ってもなお日本の米経済に無用の混乱と非効率とをもたらしている．

逆に土地の効率的利用に不可欠と思われる適切な制度的市場介入がなかったために，農村の土地利用秩序の混乱である**スプロール**(sprawl)がもたらされた．現在の日本の農村景観が，とりわけ**土地利用計画**に規制されたヨーロッパの農村にくらべて必ずしも美しいとはいえないのは，残念ながら事実である．

農業経済においても，市場メカニズムと政策的介入との間に適切なバランスを求めるのが，社会厚生を高める最善の手段である．

農業経済学の役割

農業政策の選択も社会厚生上の選択の１つであり，それは原理上経済学の役割ではなく政治の役割である．では，農業経済学は農業政策とは無関係だろうか．

農業経済学者が，自己の個人的選好にもとづく政策を農業経済学の権威において提言するとすれば，それは道理にはずれた行為である．社会厚生上の選択はあくまで１人１票の多数決によるべきであって，農業経済の理論と農業の実態についての知識の多寡は無関係である．

しかし実際には，農業政策決定と農業経済学とは切り離し難く結びついているし，また結びついていなければ農業経済学の存在意義はない．なぜならば，農業政策上の選択が社会厚生を高める賢明な選択であるためには，なによりもまず農業・農村がいまどうなっているかという**実態的知識**と，ある政策の実施が何をもたらすかという**政策効果分析**とが必要であるが，これこそが農業経済学の研究対象だからである．

農業と農村の現状に関する着実な実態把握も，政策のもたらす効果の精確な分析も，経済学の理論と方法とを用いた体系的研究なしには誰も手に入れることができない．またそれは，長い年月にわたって蓄積された先人の研究を継承しその上に１歩を進めるという学問の発展なしには獲得できない知識である．

農業・農村の実態把握も農業政策の効果分析も，いずれも**事実認識**の問題であって**価値判断**ではない．とはいうものの，事実認識と価値判断の境界は完全に黒白に区分されるものではなく，広いグレイ・ゾーンがあると考えるべきである．例えば農業・農村の多面的機能というような問題は，事実認識と価値判断とが交錯しやすいきわめてデリケートな領域である．農業経済学を学ぶ者がこのような領域に踏み込むには，それにふさわしい鋭敏かつ堅牢なコンパスを持つことが必要である．

あとがき

私は長い間東京大学で農業経済学の講義をしてきたが，農業経済学の教科書を書くことになるとは思わなかった．私の頭脳は，猫好きの常としてはなはだ非体系的で教科書向きではないし，またものぐさな私は，特別に講義ノートといったようなものは作らなかったので，材料も整っていなかった．

定年も近くなった頃，岩波書店の高橋弘さんからお話があり，私はしばらく躊躇したが，高橋さんに私の名を告げたのが原洋之介君と西村和雄君であるということもあって，結局お引き受けすることになった．深川の陋屋にまで何度も足を運んで頂いた高橋さんには，心から御礼申し上げる．

教科書を書くとなると，よく知らないことも書かねばならない．私は多くの若い友人に助けてもらって，ようやくこの小冊を書き上げた．杉本義行君は，草稿のすべてに目を通してくれた．

なお，本書の第1章は『経済セミナー』(1996年12月号)所載の拙稿「経済学と農業的世界」を書き改めたものである．同誌の御厚意に感謝する．

私が学生として初めて農家を訪れたのは昭和32年の夏，場所は静岡県の掛川であった．秋になってから，掛川の報徳社で報告会が開かれたが，私の報告の要旨は「戦前の地主層よりも小作だった層に，新しい経営を目指す意欲が強い」ということであった．私はただ聞き取り調査の結果を単純に整理しただけであったが，私の報告に対して，元地主だった人々から激しい批判が浴びせられた．「もっとよく見てくれ」という悲痛なまでのその声は今でも私の耳に残っている．

私の最後の農家訪問は，1995年英国オックスフォード郊外の酪農家であった．ミルク・クオータの是非について，地域の指導的酪農家である農場主の口は重かったが，畜舎から戻って来た息子さんに“Can I have your opinion?”と水を向けると，待っていたかのように“I'd be glad if quotas go tomorrow”という答えが返ってきた．

拙い小篇ではあるが，本書は私がこのようにして訪ね，話を聞かせて頂いた十余か国，数百人の人々の賜物である．見知らぬ他人である私のために，時間を割き胸襟を開いて話をしてくださった多くの人々に，改めて心より御礼を申し上げたい．私にとって農業経済学の研究とは，こうした訪問を通じて人々がいかに生きているかを知り，またいかに生きるべきかを考えることであった．

私は，農業経済学に関するこの私の最後の書物を，老いたる父母と山深い故地，そして土に帰って久しい祖母いとに捧げようと思う．私は飛驒，越前と境を接する奥美濃の地に生まれ，畑の草を採ったり川の鰻を捕ったりしながら少年の日々を過ごした．幸せな少年時代であった．

最後に，私に本書出版の機会を与えてくださった岩波書店に感謝する．

1996年歳暮　深川小名木川の辺にて記す

荏開津 典生

索　引

欧 文

あ 行

か 行

さ 行

た 行

な 行

は 行

ま 行

や 行

ら 行

わ 行

荏開津典生
1935年生まれ．59年東京大学農学部農業経済学科卒業．東京大学・千葉経済大学名誉教授．農学博士．主な著作に，『日本農業の経済分析』(大明堂，1985年)，『「飢餓」と「飽食」』(講談社選書メチエ，1994年)，『フードシステムの経済学 第6版』(共著，医歯薬出版，2019年)，がある．

鈴木宣弘
1958年生まれ．82年東京大学農学部農業経済学科卒業．東京大学大学院農学生命科学研究科特任教授．農学博士．主な著作に，*New Empirical Industrial Organization and Food System*(共編著，Peter Lang Publishing, 2006)，『食の戦争』(文春新書，2013年)，『TPPで暮らしはどうなる？』(共著，岩波ブックレット，2013年)，『協同組合と農業経済』(東京大学出版会，2022年)，『世界で最初に飢えるのは日本』(講談社，2022年)，がある．

農業経済学 第5版　　岩波テキストブックス

2020年3月12日 第1刷発行
2024年4月5日 第6刷発行

著 者 荏開津典生（えがいつふみお） 鈴木宣弘（すずきのぶひろ）

発行者 坂本政謙

発行所 株式会社 岩波書店
〒101-8002 東京都千代田区一ツ橋2-5-5
電話案内 03-5210-4000
https://www.iwanami.co.jp/

印刷製本・法令印刷　カバー・半七印刷

ISBN 978-4-00-028922-1　Printed in Japan